COMMENT ON OBSERVE

LES NUAGES

POUR PRÉVOIR LE TEMPS

Paris. — Imp. Gauthier-Villars, 55, quai des Grands-Augustins.

COMMENT ON OBSERVE

LES NUAGES

POUR PRÉVOIR LE TEMPS

Par André POËY

FONDATEUR

DE L'OBSERVATOIRE PHYSIQUE ET MÉTÉOROLOGIQUE DE LA HAVANE

—

TROISIÈME ÉDITION

REVUE ET AUGMENTÉE

Contenant 17 planches chromolithographiques et 3 planches sur bois

---

PARIS

GAUTHIER-VILLARS, IMPRIMEUR-LIBRAIRE

DE L'ÉCOLE POLYTECHNIQUE, DU BUREAU DES LONGITUDES

Successeur de Mallet-Bachelier

QUAI DES AUGUSTINS, 55

—

1879

TABLE DES MATIÈRES

CHAPITRE III.

NOUVELLE CLASSIFICATION DES NUAGES.

CHAPITRE IV.

STRUCTURE ET FORMES DES NUAGES.

Nuages supérieurs du type Cirrus.

Nuages inférieurs du type Cumulus.

Le Cumulus est un nuage de jour, d'été et de l'horizon. — Caractères des Cumulus observés à la Havane et à Mexico. — Planches XIII et XV.

Les Fracto-cumulus prédominent de l'E. rectangulairement et à la limite inférieure des Alizés de N.-E. et de S.-E. — A Mexico, ils remplacent les Cumulus pendant la saison de sécheresse; ils les remplacent aussi pendant la nuit sous toutes les latitudes du globe. — Planche XVI.

CHAPITRE V.

ESTIMATION DE LA QUANTITÉ, DE LA DIRECTION, DE LA VITESSE, ET DE LA ROTATION AZIMUTALE DES NUAGES.

Pendant une nuit orageuse. — Les deux courants antagonistes. — Rapports des nuages, des courants, des basses et des hautes pressions. — Altitude des courants d'après la nature des nuages. — Les nuages de transformation. — Loi de l'évolution similaire. — Direction et alternance des courants d'après les nuages.

Extrême vitesse et effervescence des Fracto-cumulus à Mexico; extrême lenteur des autres nuages.

La loi de Dove est applicable aux nuages. — Durée de chaque rotation. — Distribution mensuelle de 83 rotations. — Existence probable d'une rotation annuelle. — Rotations directe et rétrograde. — Le vent fait le tour du compas dans la zone torride, contrairement à l'opinion de Dove. — Vitesses horizontales des courants ascendants et descendants. — Appel aux météorologistes. — Tableau de 83 rotations azimutales du vent et des nuages observées à l'observatoire de la Havane. — Modèle d'un tableau pour l'enregistrement horaire des nuages.

CHAPITRE VI.

LA NATURE DES NUAGES TIRÉE DES HALOS, DES COURONNES ET DES ARCS-EN-CIEL.

CHAPITRE VII.

CONSIDÉRATIONS EXPÉRIMENTALES ET SYNTHÉTIQUES SUR LA STRUCTURE ET LA FORME DES NUAGES.

LES NUAGES

> Les nuages nous offrent à tout instant
> l'image fidèle d'une boussole céleste, dont
> la marche régulière guide nos pas dans la con-
> naissance des lois de la mécanique terrestre.
>
> A. Poëy.

CHAPITRE PREMIER.

LES ANCIENNES CLASSIFICATIONS DES NUAGES.

1. — L'évolution des nuages.

L'étude des nuages est une des questions les plus impor-
tantes du domaine de la Météorologie et de la Physique du
globe. Aucune autre manifestation ne peut fixer au même
point l'attention du citadin, du touriste, de l'agriculteur, du
marin, sans cesse en lutte avec les éléments perturbateurs,
enfin du savant.

Partout nous jetons sur les nuages un regard d'interroga-
tion, d'inquiétude, de désir, de souhait et, suivant nos besoins
sociaux, nous aspirons à prévoir le beau ou le mauvais
temps.

La position géographique, les conditions orohydrographiques et topographiques, la constitution climatologique, impriment dans chaque pays un caractère particulier aux nuages. — Ici, le type Cirrus prédomine ; là, le type Cumulus ; ailleurs, des formes différentes apparaissent qui disparaissent sous d'autres cieux. Cependant, toutes ces manifestations de formes ne sont point intrinsèques ; elles ne se rapportent qu'à des différences d'activité physique. Sous tous les climats, leur évolution et leur structure sont les mêmes, leurs effets sont entre eux intimement liés, leurs influences se font puissamment sentir sur l'état atmosphérique, et sur mille autres manifestations physico-chimiques qui influent à leur tour sur la santé, sur l'agriculture et sur la navigation.

Disons que le nuage est un grand livre de la nature, constamment ouvert à l'étude de toutes les classes de la société. Semblables à une boussole, les nuages nous marquent à tout instant la direction, la vitesse et l'altitude des courants supérieurs, qui ne tardent point à descendre à la surface du sol. On a ainsi une girouette en permanence tant que le ciel nous offre la moindre trace d'un nuage : miroir de la force réfléchie de la circulation atmosphérique.

Nous voulons parler du rôle des nuages au point de vue de la science et de ses applications directes, et nullement en poète ou en artiste *impressionniste*. Nous renvoyons aux inspirations d'Aristophane, de Lucrèce, d'Ossian, de Leonardo da Vinci, de Thompson, de Gœthe, ceux qui veulent s'élancer dans le champ de l'idéalisme.

Nous nous proposons de prouver que la forme du nuage émane de sa structure, et celle-ci de la température et de la nature de la précipitation de la vapeur d'eau ; que cette vapeur se transforme en aiguilles de glace dans le type Cirrus, en cristaux de neige dans les Cirro-cumulus, en vésicules aqueuses dans le type Cumulus et ses dérivés ; que la structure et la orme du nuage dépendent de son altitude ; que les courants atmosphériques condensent et précipitent la vapeur d'eau sous une forme de nuage correspondante à leur altitude et à la constitution physico-chimique du milieu ambiant. Dès lors, la connaissance d'un de ces éléments nous fournit la connaissance de tous les autres éléments, ainsi que celle des variations atmosphériques à venir. Les difficultés à vaincre pour atteindre ce résultat pratique reposent sur une saine connaissance de l'évolution des nuages. Cette évolution rattache la forme du nuage à sa structure et celle-ci à sa constitution, suivant la concurrence des phénomènes météorologiques concomitants.

Il ne s'agit plus d'un nombre considérable d'observations faites à l'aventure d'après une méthode vicieuse, mais, au contraire, d'un petit nombre de bonnes observations prises simultanément sous différentes latitudes du globe, d'après une méthode rationnelle et synthétique ! L'observateur ne doit point se limiter à enregistrer automatiquement des observations qu'il relègue dans des registres et dans lesquelles il ne voit sur le coup aucune signification. Il doit se rendre compte de ce qu'il observe, et diagnostiquer l'état anormal de l'atmosphère d'après la connaissance préalable de son état normal. Car, entre l'existence normale et l'existence perturbatrice — au physique et au moral, — il n'y a d'autre différence qu'un degré de plus d'activité moléculaire. L'exaltation de l'ordre normal engendre la perturbation dévastatrice. Les lois sont les mêmes ; seule, la vitesse varie en puissance dynamique.

Nous avons mis cette méthode à l'épreuve à l'aide des trois moyens d'investigation que la science nous offre : l'*observation*, l'*expérimentation* et la *comparaison*. Nous complétons nos études sur la *genèse* des nuages par l'*évolution* ou la *filiation*, la *nomenclature* et la *classification*.

II. — *Historique.*

Les anciens météorologistes sentirent le besoin de distinguer les différentes apparences des nuages, mais ils furent désorientés à la vue de cette grande variété de formes et de transformations instantanées qui ne leur parurent obéir à aucune loi.

Aristote,[1] le premier, s'occupa des propriétés optiques des nuages : de la réflexion et de la réfraction de la lumière dans la formation des arcs-en-ciel, des halos et des couronnes.

Théophraste,[2] son disciple, distingua vaguement les différentes formes des nuages sous le rapport des pronostics des changements du temps. Il signala l'apparition d'une bande de nuages fixée sur le sommet des montagnes comme un indice certain de vent et de pluie. Aujourd'hui encore, lorsque ces bandes coupent les Cumulus vers leur sommet, c'est pour les marins un présage de bourrasque.

Mais toutes ces tentatives devaient évidemment échouer jusqu'à l'avénement de la méthode de classification naturelle établie par Linné en 1735. Alors Lamarck pressentit, en 1801, la possibilité de rattacher la forme des nuages à quelques types naturels et fondamentaux. C'est à ce grand naturaliste que revient l'honneur d'avoir ébauché la première classification des nuages, et d'avoir attiré l'attention des météorologistes sur cette étude capitale. Ce fait a passé inaperçu, même parmi ses compatriotes.

Lorsqu'une découverte abstraite ou concrète est prête à se faire jour, elle surgit souvent simultanément chez deux ou trois nations, elle s'empare de plus d'un cerveau inconscient. Tel fut encore le cas pour les nuages. Dans le cours des années 1802 à 1803, Luke Howard[3] présenta sa nouvelle classification des nuages à la *Askesian society* de Londres. Le météo-

rologiste anglais semble ne pas avoir eu connaissance de la
tentative du naturaliste français, du moins il n'en parle point;
cependant il est remarquable que Howard soit arrivé presque
au même nombre de formes fondamentales et à la détermination
des mêmes nuages qu'avait décrits Lamarck l'année pré-
cédente. Il est également étrange que Lamarck, le créateur de
l'évolution biologique, n'ait pas eu l'idée de faire usage de la
nomenclature latine et scientifique, qui a tant contribué à la
vulgarisation de la classification de Howard.

Dans une première détermination, Lamarck[ ] distingua six
formes principales de nuages, dont trois se rapportent parfaitement à celles de Howard, deux autres à nos propres déterminations, et la sixième au *Nimbus* de Howard ou plutôt
à notre *Pallium*, ainsi qu'il suit :

FORMES DE LAMARCK.	FORMES DE HOWARD ET POEY.
Nuages en balayures	Cirrus de Howard.
» en barres	Tracto-cirrus de Poëy.
» pommelés	Cirro-cumulus de Howard.
» groupés	Cumulus de Howard.
» en voile	Nimbus de Howard ou Pallium de Poëy.
» attroupé	Fracto-cumulus de Poëy.

Trois ans après, en 1804, Lamarck[ ] étendit sa nomenclature : « Toutes les formes de nuages qu'il importe de remarquer et de noter dans les observations, me paraissent compri-
ses, dit-il, dans les sortes suivantes » :

Nuages brumeux	Pallium de Poëy.
» terminés	Caractères de plusieurs nuages.
» en voile	Nimbus de Howard ou Pallium de Poëy.
» en lambeaux	Pallium de Poëy.
» boursouflés	Globo-cumulus de Poëy.
» en barres	Tracto-cirrus de Poëy.
» en balayures	Cirrus de Howard.
» pommelés	Cirro-cumulus de Howard.

Nuages attroupés ou moutonnés . . Fracto-cumulus de Poëy.
  »   coureurs . . . . Fracto-cumulus de Poëy.
  ,   groupés. . . . . Cumulus de Howard.
  »   de tonnerre ou diablotins . . Fracto-cumulus de Poëy.

Tout ce que Lamarck a écrit sur la Météorologie porte le double cachet de l'observation et du génie. S'il eût persisté dans cette voie, il aurait sans doute établi la base de la Météorologie que nous cherchons encore, de même qu'il a fondé la grande doctrine de l'évolution de l'espèce. Malheureusement on l'obligea à interrompre et ses études sur l'atmosphère et son *Annuaire météorologique*, qu'il publiait dans ses vieux jours, et à ses frais, depuis onze ans, de 1800 à 1810.[6] Nous sommes enfin heureux de rendre justice au grand Lamarck.

Howard distingua trois types de nuages ou modifications simples ; voici ses propres expressions :

« The *Cirrus :* parallel, flexuous, or diverging fibres, extensible by increase in any or in all directions. »

« The *Cumulus :* convex or conical heaps, increasing upward from a horizontal base. »

« The *Stratus :* a widely extended, continuous, horizontal sheet, increasing from below upward. »

De ces types dérivent les deux modifications intermédiaires qui suivent:

« The *Cirro-cumulus :* small, well defined roundish masses, in close horizontal arrangement or contact. »

« The *Cirro-stratus :* horizontal or slightly inclined masses attenuated towards a part or the whole of their circumference, bent downward, or undulated ; separate, or in groups consisting of small clouds having these characters. »

Finalement les deux modifications composées et suivantes:

« *The Cumulo-stratus :* the Cirro-stratus blended with the Cumulus, and either appearing intermixed with the heaps of the latter or *superadding a wide-spread structure to its base.* »

« *The Cumulo-cirro-stratus vel Nimbus* : the rain cloud. A cloud, or system of clouds from which rain is falling. It is a horizontal sheet, above which the Cirrus spreads, while the Cumulus enters it laterally and from beneath. »

Nous signalons plus loin la fausse interprétation qui a été donnée par tous les météorologistes au Cirro-stratus, au Nimbus et au Stratus de Howard ; puis, les vices de cette nomenclature, ce que nous en rejetons et la nouvelle classification que nous y substituons.

Depuis Howard, aucune autre classification n'a été proposée ; mais voici les quelques tentatives partielles qui ont été faites.

En 1815, Thomas J. M. Forster[7] reproduisit, avec quelques nouvelles remarques, les descriptions de nuages de Howard, en y ajoutant une nomenclature anglaise de noms vulgaires.

En 1817, A. Müller[8] proposa des éclaircissements aux descriptions de Howard, fondées sur les observations qu'il avait faites pendant vingt ans dans le nord de l'Allemagne, à Vienne, sur les pentes des Alpes septentrionales et méridionales, au bord du Rhin et en France ; mais elles n'affectent en rien la classification de Howard.

En 1832, l'éminent météorologiste Kaemtz[9] détermina une nouvelle forme de nuages sous le nom de *Strato-cumulus* ou nuage de nuit, c'est-à-dire l'inverse du *Cumulo-stratus* de Howard. Mais, avant sa mort, Kaemtz nous avoua lui-même qu'il n'attachait plus aucune importance à son *Strato-cumulus*, et que nous pouvions le rayer de la nomenclature des nuages. On verra plus loin nos objections à l'égard de ce nuage.

Le professeur Elias Loomis[10] avait adopté la classification de Howard, sauf le Nimbus, à la suite des observations qu'il fit sur les nuages à Hudson, Ohio, pendant les années 1838 à 1841. Il ne voyait d'autre différence entre le Nimbus et les autres nuages que dans le fait de la production de la pluie, circonstance qui ne justifiait point ce nouveau type. D'autre part, il observait en hiver une couche de nuages parfaitement déterminée et immobile, d'où la neige se détachait pendant des journées entières. Il appela alors *Stratus* tous les nuages qui couvraient le ciel d'une couche uniforme, type qu'il considéra comme le plus fréquent dans toutes les saisons, excepté en été, où le Cumulus prédominait.

Le professeur Loomis, à son tour, n'a pas remarqué que cette couche de nuages est d'une double nature, et que, sous le terme *Stratus*, ainsi que Howard sous celui de *Nimbus*, ils prennent indistinctement la couche de neige ou *Pallio-cirrus* pour la couche de pluie ou *Pallio-cumulus*. Ainsi, la substitution du Stratus au Nimbus laisse la question dans la même confusion.

En 1863, l'infortuné amiral Fitz-Roy,[11] alors chargé de la direction du département météorologique du Board of Trade de Londres, proposa l'addition à la nomenclature de Howard de la terminaison augmentative en *onus* et du diminutif en *itus*, de la manière suivante : de Cirrus il formait *Cirronus* et *Cirritus*; de Cirro-stratus, *Cirrono-stratus*, et ainsi de suite. Cette modification ne se rapporte qu'à la plus grande ou à la plus petite quantité de nuages sans changer la forme primitive ; elle est encore assujettie à une certaine confusion dans la pratique; elle n'est enfin justifiée ni par l'observation, ni par les planches mêmes de Fitz-Roy.

En 1874, A. Mühry[12] affirmait que la classification des nuages de Howard est aujourd'hui insuffisante, et que, s'il était possible de la conserver, elle aurait besoin d'être perfectionnée. Il proposait alors un système d'observations sur les nuages d'après la nomenclature suivante : Cirri, Cirro-cumuli, Cirro-strati, Cirro-pallium, pour les nuages descendants; Cumulo-pallium, Fracto-cumuli, Strato-paries, Strato-Cumulus, Strato-pallium, Stratus pour les nuages ascendants.

Comme on voit, c'est une combinaison de notre nomenclature avec celle de Howard en conservant nos Pallio-cirrus et Pallio-cumulus sous la dénomination de Cirro-pallium et de Cumulo-pallium, ainsi que notre Fracto-cumulus et le Strato-cumulus de Kaemtz, et en y ajoutant le Strato-paries et le Strato-pallium. La définition du Fracto-cumuli, du Cirro-pallium et du Cumulo-pallium de Mühry ne diffère point de celle que nous avons déjà donnée : le premier est un nuage déchiré, surtout lorsque le vent souffle avec force; le second est une couche de Cirrus qui descend à une région inférieure, tandis que le troisième est une couche de vapeur d'eau qui s'élève. Son Strato-pallium et son Stratus ne sont que des voiles ou couches de brouillards, sous différentes circonstances atmosphériques. Donc, loin d'abolir le Strato-brouillard de Howard, Mühry introduit dans sa nomenclature un nouveau brouillard. Quant à son Strato-paries, c'est un banc de nuages denses et noirâtres à l'horizon, qui annoncent quelquefois une tempête. Pour nous, tous les dérivés du type Cumulus entrevus dans le lointain peuvent présenter les mêmes caractères, à l'exception du Cumulus proprement dit, qui se distingue toujours par son sommet arrondi et sa base horizontale. La distinction de Mühry entre les nuages descendants du type Cirrus et les nuages ascendants du type Cumulus, avait déjà été établie par nous dès 1863. Nous sommes heureux de la voir adoptée par ce savant météorologiste, dont on verra plus loin l'opinion à l'appui de notre Pallium.

III. — *Le Bureau météorologique de Londres.*

Le Bureau météorologique de Londres, sous la direction de M. Robert H. Scott, a rédigé des Instructions à l'usage des observateurs : elles furent officiellement publiées en 1875.¹³ Dans les instructions sur les nuages, on remarque trois principaux perfectionnements, que nous avions introduits dès 1865 ; ce sont :

1° « La distinction entre les nuages supérieurs à particules glacées, et les nuages inférieurs à vésicules aqueuses. » Nous avons souvent insisté sur cette distinction capitale, à laquelle se rattachent intimement la structure et la forme des nuages. Mais on aurait dû l'étendre à la différence qui existe entre les nuages à aiguilles glacées, comme les Cirrus et les Cirro-stratus, et les nuages à cristaux de neige, comme les Cirro-cumulus et les Pallio-cirrus. Si l'on eût été bien pénétré de ces trois caractères physiques, ni Howard, ni les météorologistes, ni le Bureau météorologique de Londres n'auraient superposé le Cirro-cumulus au Cirro-stratus. Nous donnons nos raisons dans le Chapitre suivant.

2° « Le fait que les nuages passent d'une forme à une autre forme par la seule circonstance de leur abaissement ou de leur élévation dans l'espace. » Mais il ne faut pas donner un sens absolu à cette transformation, car, lorsque les Cirrus se transforment en Cirro-stratus, puis en Cirro-cumulus, cela veut dire que la température, l'humidité et autres variations concomitantes se trouvent, dans ces trois milieux ambiants, sous des conditions favorables à la formation de ces trois structures de nuages. On voit alors des formes supérieures de nuages passer graduellement aux formes inférieures ; et *vice versâ*, en s'abaissant ou en s'élevant ; d'autres fois les Cirrus, par exemple, disparaissent pendant que les Cirro-cumulus apparaissent plus bas. Dans ce dernier cas, les conditions physiques des Cirrus ont disparu, tandis que les conditions physiques des Cirro-cumulus ont apparu.

3° « L'indication, suivant Howard, que le Stratus est un brouillard (*ground fog*). » Mais alors pourquoi le donne-t-on de nouveau pour un nuage en forme de couche ? Aucun observateur consciencieux ne voudra enregistrer sous le nom de *Stratus* un phénomène de brouillard. On trouve même dans ces instructions la phrase suivante : « Tous nuages bas détachés qui ressemblent à une portion de brouillard élevé, et qui ne se trouvent en aucune manière consolidés sous une forme définie, sont des *Strati,* et peuvent être appelés *Stratus détachés.*» Dans les instructions publiées à la suite du Rapport sur la Conférence de Météorologie maritime tenue en 1874 à Londres, on avait ajouté après ce passage l'énoncé suivant : « When a *Stratus* is at high level, it may pass into a *Cirro-stratus*, which see. »¹⁴ Voilà où peut nous conduire l'idée bizarre de transformer un brouillard en un nuage défini ! Nous irions chercher le nuage brouillard jusqu'au delà de 15,000 mètres d'altitude, dans les hautes régions glacées des Cirrus ! Ajoutons que ce passage a été supprimé dans les dernières instructions.

En dehors de ces trois points fondamentaux, on ne trouve dans les instructions du Bureau météorologique de Londres qu'une plus grande étendue donnée aux définitions de Howard et quelques légères indications. On y ajoute enfin une espèce de Cumulus, fréquent en mer, que l'on appelle en anglais *Roll-Cumulus*, mais que l'on présente en même temps comme un effet de perspective. Donc ce ne serait point une vraie forme de nuage. Nous croyons au contraire que ce *Roll-cumulus* n'est que la naissance du *Pocky-cloud*, que nous décrivons plus loin sous le nom de *Globo-cumulus.*

Quant au reste des instructions sur les nuages, on est tombé dans les mêmes errements que nous signalons depuis 1865, et que nous développons de nouveau. Ayant placé le Cirro-stratus au-dessous du Cirro-cumulus, la description du premier nuage se rapporte plutôt au second. Voulant à toute force transformer le Cirro-stratus en une *couche* de Cirrus, en place du Cirro-cumulus, on affirme que cette soi-disant couche du Cirro-

stratus constitue le « *Pallium* de Poëy ». On nous fait ainsi
commettre une très-grave erreur, que nous avons justement
relevée chez les météorologistes. L'erreur est double, car nous
créâmes en 1863 le terme générique de *Pallium*, afin de désigner *deux couches* de nuages d'une structure très distincte :
l'une, le *Pallio-cirrus*, qui se forme par l'accumulation des
Cirro-cumulus, et nullement des Cirro-stratus ; l'autre, le *Pallio-
cumulus*, due à l'accumulation des Fracto-cumulus, et qui n'a
aucun rapport avec les dérivés du type Cirrus. Ensuite, en
parlant de la structure du Cirro-cumulus, nous disions : « Il
suffit que les Cirro-stratus s'abaissent un peu, ou que la température de la région qu'ils occupent s'élève légèrement, pour
que les petites aiguilles de glace puissent se réduire en neige et
donner par suite naissance au Cirro-cumulus de Howard. »
Enfin, dans notre *Pl. XI*, on voit la couche du Pallio-cirrus, dérivant du Cirro-cumulus, par la réunion de ses balles
cotonnées.

Il nous est pénible de faire cette légère critique d'ensemble ;
aussi nous nous tairons sur les détails ; car, en vérité, nous
estimons au plus haut degré les premiers efforts, dignes
d'exemple, du Bureau météorologique de Londres ; mais avant
tout nous avons un double rôle d'historien et de météorologiste à remplir. Nous ne doutons point qu'on ne nous sache
gré de notre bonne foi et de nos propres efforts dans une
branche de la Météorologie si peu appréciée jusqu'ici, ainsi
qu'on peut s'en convaincre d'après notre Essai.

CHAPITRE II.

Quand on songe à l'imperfection de l'ancienne classification de Howard, aux difficultés que l'on éprouve à distinguer chaque couche de nuages avec ses éléments correspondants, et surtout au temps considérable qu'une bonne observation requiert, d'après la méthode vicieuse en usage, on est bien moins surpris du peu de progrès qu'une étude aussi importante a dû faire.

I. — Le Stratus.

Un fait capital a complétement passé inaperçu : c'est que la classification de Howard, en dehors de son imperfection, a été faussée en ce qui regarde la définition du *Stratus*, du *Nimbus* et du *Cirro-stratus*. Le Traité de Météorologie de Kaemtz donne la définition suivante du *Stratus*, depuis adoptée aveuglément par tous les météorologistes : « C'est une *bande* horizontale qui se forme au coucher du soleil et disparaît à son lever. » Au contraire, la définition de Howard a toujours été que le *Stratus* « is the lowest of clouds, since its inferior surface commonly rests on the earth or water... This is properly the cloud of *night;* the time of its first appearance being about sun-set. It comprehénds all those creeping *Mists* which in calm evenings ascend in spreading *sheets* (like an inundation) from the bottom of valleys and the surface of lakes, rivers and other pieces of water, to cover the surrounding country. »

La première erreur vient de Howard lui-même, qui appela un *Mist* ou *brouillard*, un nuage. La plus grave responsabilité revient à tous ses successeurs qui ont donné, de fait, pour un véritable nuage en forme de *bande horizontale* le brouillard du météorologiste anglais.

Ensuite, en décrivant le *Cirro-stratus*, Kaemtz remarque que « ces nuages forment des couches horizontales qui, au zénith, semblent composées d'un grand nombre de nuages déliés ; tandis qu'à l'horizon, où nous apercevons la projection verticale, on voit une bande longue et fort étroite ».

Nous aurions donc une *bande horizontale* pour le *Stratus* et une autre *bande longue et fort étroite* pour le *Cirro-stratus* à l'horizon. Il n'y aurait comme marque distinctive entre ces deux bandes, d'après ce savant, que l'heure à laquelle elles apparaissent. Mais, comme les bandes des *Cirro-stratus* sont justement fréquentes au lever et au coucher du soleil, il deviendrait fort difficile de distinguer ces deux ordres de nuages. Il faut encore ajouter que les *Cirrus* et les *Cirro-cumulus* ont une tendance à se disposer suivant des bandes parallèles entre elles, bandes qui peuvent également être confondues à l'horizon avec celles des *Stratus* et des *Cirro-stratus*.

Voilà pour la définition erronée du *Stratus*. Quant à son origine, peut-on, sans faire confusion, donner le nom de *nuage* ou de *Stratus* à un phénomène auquel Howard a consacré l'expression de *brouillard* ? Le seul rapport qui peut exister entre un nuage et un brouillard n'est que dans l'effet premier de la précipitation de la vapeur d'eau dans l'atmosphère et sa condensation plus ou moins intime. Ce n'est que quand le brouillard s'élève à la région habituelle des nuages inférieurs qu'il se condense sous la forme d'un *Fracto-cumulus* ou d'un *Cumulus*. Jusque-là le brouillard n'est qu'un amas informe de vapeur d'eau, qui se moule aux accidents du sol et des nappes liquides.

Cette erreur s'est étendue jusqu'aux différentes Planches qui ont été publiées dès 1815, par Thomas J. M. Forster, où cependant le *Stratus* n'est point donné comme une bande, mais plutôt comme un brouillard qui s'élève à l'horizon. Mais cette représentation est également incorrecte, car elle ne donne pas l'idée d'un *Mist* qui couvre la surface du sol.

Déjà en 1820, dans l'ouvrage de Brandes,[15] on voit apparaître le *Stratus* comme formant une *bande horizontale*, laquelle a été reproduite en 1840 par Kaemtz, et en 1849 dans les belles gravures des cinq Planches de Schübler.[16] Enfin les Planches qui furent premièrement publiées par la Smithsonian Institution de Washington,[17] reproduites par Maury[18] et par le Dépôt des cartes et plans du Ministère de la Marine de France,[19] ne sont qu'une copie de celles de Kaemtz. Seulement l'édition de Maury et leurs reproductions ont deux Planches, dont la première embrasse les formes simples de nuages, les *Cirrus*, les *Stratus*, les *Cumulus* et les *Nimbus*, et la seconde les formes composées : les *Cirro-cumulus*, les *Cirro-stratus* et les *Cumulo-stratus*, avec quatre formes de *Cirrus* peu variables.

La *Pl. VI* de Howard, au contraire, publiée pour la première fois en 1803 dans le Tilloch's *Philosophical Magazine*, représente le *Stratus* comme un *brouillard* qui s'étend au-dessus d'un lac entouré de collines.

Gœthe a répété et confirmé les observations de Howard. On peut dire du grand poète qu'aucune question scientifique de son temps n'échappa à la soif insatiable qu'il avait de tout savoir, à l'ardeur qu'il mettait à tout observer. C'est pendant le cours de ses voyages en Bohême qu'il étendit ses recherches à la paléontologie et à la météorologie. Une longue dissertation sur les états du ciel résume quelques-uns de ses travaux à l'observatoire de Weimar. Eh bien, n'est-il pas humiliant pour les météorologistes *ex professo* de penser que l'auteur de *Faust* a, plus fidèlement qu'eux, interprété le *Stratus* de Howard ? Gœthe le considéra, ainsi que Howard, non plus comme un nuage, mais comme un véritable brouillard. Voici ses propres paroles en parlant du Stratus : « Lorsque, du tranquille miroir des eaux, un *brouillard* s'élève et se déploie en plaine unie, la Lune, associée à l'ondoyant phénomène, paraît comme un fantôme créant des fantômes : alors, ô nature, nous sommes tous, nous l'avouons, des enfants amusés et réjouis ! Puis, s'il s'élève contre la montagne, rassemblant couches sur couches, il assombrit au loin la moyenne région, disposé à tomber en pluie, comme à monter en vapeur. » Ainsi, tout y est : le brouillard, le miroir des eaux et la plaine décrits et figurés par Howard dans sa *Pl. VI.* L'ingénieuse remarque de Gœthe, où le brouillard est « disposé à tomber en pluie, comme à monter en vapeur, » prouve encore qu'il avait bien le sentiment intime que le Stratus de Howard n'était qu'un brouillard pouvant se constituer en nuage à une plus grande hauteur, ainsi que c'est réellement le cas. L'étude de la classification de Howard inspire à Gœthe des vers bizarres, mais d'une parfaite exactitude, sur la forme des nuages. Il peint le brouillard qui s'élève de la surface des eaux, s'allonge sur le flanc des montagnes en bandes immenses (le *Stratus*) et se forme en nuages. Cette masse imposante s'élève et s'arrête en sphère magnifique (le *Cumulus*). Une noble impulsion la fait monter toujours davantage et un amas floconneux, pareil à des moutons bondissants (les *Cirro-cumulus*), multitude légèrement peignée (les *Cirrus*), s'écoule enfin sans bruit dans le giron et dans la main du père. Et ce qui s'est amassé là-haut, attiré par la force de la terre, se précipite aussi avec fureur en orages, se déploie et se disperse comme des légions (le *Nimbus*). Ces formes changent et revêtent tour à tour les aspects les plus singuliers : ici un lion, là un éléphant, ailleurs la silhouette d'une forme humaine ; un souffle d'air dissipe ces apparitions éphémères. Gœthe ajoute, comme *bon à observer* : « Si donc le peintre, le poète familiarisé avec l'analyse de Howard, aux heures du matin et du soir, contemple et observe l'atmosphère, il laisse subsister le caractère, mais les mondes aériens lui donnent les tons suaves, nuancés, pour qu'il les saisisse, les sente et les exprime. »[20]

II. — *Le Nimbus.*

Parlons à présent de l'erreur qui a été également commise quant à la nature du *Nimbus* de Howard.

Voici premièrement la définition de Kaemtz, que tous les météorologistes ont adoptée sur son autorité : « Lorsque les *Cumulus* s'entassent et deviennent plus denses, cette espèce de nuages passe à l'état de *Cumulo-stratus,* qui revêtent souvent à l'horizon une teinte noire ou bleuâtre, et qui passent à l'état de *Nimbus* ou nuage pluvieux. Celui-ci se distingue par sa teinte d'un gris uniforme et ses bords frangés ; les nuages qui le composent sont tellement confondus, qu'il devient impossible de les distinguer. »

Le seul caractère primordial et distinctif qui ressort de cette définition est celui de *nuage pluvieux,* et dès lors on appellera un *Nimbus*, comme on a fait jusqu'ici, tout nuage *pluvieux*. Ses caractères secondaires seraient : 1° une teinte d'un gris uniforme ; 2° ses bords frangés ; 3° une confusion de tous les nuages dont il se compose. Tout cela ne donne aucune idée de l'élément le plus essentiel, à savoir la *structure et la forme réelles* du nuage pluvieux.

Bien que la définition de Kaemtz et des météorologistes ne soit point celle de Howard, cet observateur n'en donne pas une plus intelligible. Il pressent la formation du nuage pluvieux, mais il ne paraît pas avoir une opinion très-arrêtée quant à sa constitution. Nous voulons parler de la *double couche superposée,* l'inférieure formée de *Cumulus,* qu'il désigne, et la seconde couche supérieure de *Cirrus*, dont l'existence a été par lui assez vaguement pressentie.

Voici la définition de Howard : « *Cumulo-cirro-stratus* vel *Nimbus. Def. Nubes vel nubium congeries* (supernè cirrata) *pluviam effundens.* »

« The Rain cloud. A cloud, or system of clouds from which rain is falling. It is a horizontal sheet, above which the *Cirrus* spreads, while the *Cumulus* enters it laterally and from beneath. »

Dans d'autres passages de sa description du *Nimbus*, l'idée de cette double couche ressort encore mieux : « Clouds in any one of the preceding Modifications, at the same degree of elevation, or in two or more of them at different elevations, may increase so as completely to obscure the sky... There exists *at a greater altitude* a thin light *veil,* or at least a hazy turbidness. When this has considerably increased, we see the lower Clouds spread themselves, till they unite in all points and form one *uniform Sheet.* The rain then commences; and the lower clouds, arriving from the windward, move under this Sheet, and are successively lost in it... It is sufficient that there exist two strata of Clouds, one passing beneath the other, and each continually tending to horizontal uniform diffusion. The superior stratum is often seen, in this case, to partake of the Cirrus. It will rain during this state of the *two Strata*, although they should be separated by an interval of many hundred feet in elevation. It is not to be supposed that the intermediate space is, on these occasions, at any time free from a conducting medium of diffused watery particles, enabling the opposite Electricities to neutralize each other. »

Cette description de Howard, du *Nimbus*, n'a aucun rapport avec celle donnée par Kaemtz et ses continuateurs : « d'un nuage d'une forme indéterminée qui serait censé avoir la propriété de produire la pluie. » Ce n'est la propriété d'aucun nuage isolé de produire la pluie, excepté dans quelques cas très-exceptionnels et passagers, peu étudiés jusqu'ici. La pluie est produite par l'action et la réaction électrique, sur la vapeur d'eau, *de deux couches de nuages superposées*, l'une supérieure, de *Cirrus* électro-négatifs, et l'autre inférieure, de *Cumulus* électro-positifs. C'est cette dernière circonstance que Howard n'a pas catégoriquement établie. Toutes les Planches qui ont été publiées, sans excepter celles de ce météorologiste, ne donnent aucune idée de cette double couche qui constitue le nuage pluvieux, le *Nimbus* de Howard, ou, plus proprement, notre *Pallium* (*Pallio-cirrus* et *Pallio-cumulus*).

III. — *Le Cumulus, Cumulo-stratus et Strato-cumulus.*

Nous allons maintenant signaler les erreurs inhérentes aux trois ordres de nuages nommés *Cumulus*, *Cumulo-stratus* et *Strato-cumulus*, et faire voir qu'ils se réduisent tous au second type, au Cumulus. On remarque premièrement une grande similitude entre les *Cumulus* et les *Cumulo-stratus*, puis on observe dans le ciel d'autres *Cumulus* dont les caractères ne participent plus d'aucune de ces deux formes. Nous prendrons pour exemple les définitions de Kaemtz qui font loi en météorologie.

Kaemtz dit : « Le *Cumulus* se montre souvent sous la forme d'une moitié de sphère, *reposant sur une base horizontale*. Quelquefois ces demi-sphères s'entassent les unes sur les autres, et forment ces gros nuages accumulés à l'horizon, qui ressemblent de loin à des montagnes de neige. »

Et pour le *Cumulo-stratus :* « Lorsque les *Cumulus* s'entassent et deviennent plus denses, cette espèce de nuage passe à l'état de *Cumulo-stratus,* qui reflètent souvent à l'horizon une teinte noire ou bleuâtre, et passent à l'état de *Nimbus* ou nuage pluvieux. »

Ainsi, il suffirait que les *Cumulus* s'entassent et deviennent *plus denses* pour se transformer en *Cumulo-stratus,* ce qui implique forcément un plus grand développement dans la base horizontale, laquelle n'est pas même mentionnée, bien qu'elle soit un des caractères essentiels de ce type de nuage. Au contraire, cette base horizontale est expressément signalée dans la définition du *Cumulus* de Kaemtz.

En un mot, trois points fondamentaux se retrouvent également dans la formation des *Cumulus* et des *Cumulo-stratus :* 1° une base horizontale; 2° une coupe supérieure hémisphérique; 3° une formation en agrégation ascendante. Les points de divergence ne reposent plus, à l'égard des *Cumulo-stratus*, que sur l'irrégularité de la base, des sommités convexes et de l'agrégation ascendante; sur une plus grande densité et une coloration noirâtre et un rapprochement plus complet de leur masse isolée à l'instar d'une cordillère. Ces différences sont tellement accidentelles et insignifiantes, que Howard et Forster ne peuvent plus les distinguer dans leurs définitions; ils sont forcés d'avouer que ces caractères se retrouvent de part et d'autre à tel point qu'on les confond entre eux facilement. On voit qu'il n'y a plus de raison pour continuer à établir une séparation radicale et une double dénomination attachée à deux formes de nuages qui sont au fond d'une même nature, et dont les modifications légères ne sont qu'accidentelles.

Il serait plus exact de conserver la dénomination unique de *Cumulus* pour ce second type, qui embrasse les deux formes caractéristiques du nuage : l'accumulation des hémisphères, et sa base horizontale, toujours inséparables.

Passons aux *Strato - cumulus* de Kaemtz, qu'il décrit ainsi : « Ils se composent de masses nuageuses denses, arrondies ou étendues, à bords mal circonscrits, qui apparaissent dans l'après-midi, augmentent vers le soir jusqu'à ce que le ciel se couvre complétement pendant la nuit, disparaissent le lendemain, quelques heures après le lever du soleil, et sont finalement remplacées par les vrais *Cumulus*. Ces *Strato-cumulus* sont composés de vapeur vésiculaire très-dense, comme les *Cumulus* et les *Cumulo-stratus*. Ils en diffèrent par leur dépendance des heures de la journée ; ils ont aussi de l'analogie avec les *Stratus*, à cause de leur extension, et s'en distinguent par leur plus grande hauteur. Toutefois, ils s'en rapprochent plus que des Cumulus. Pendant l'hiver, les *Strato-cumulus* couvrent souvent tout le ciel pendant des semaines entières ; mais, à mesure que le soleil s'élève, ses rayons dissolvent ces nuages, les vapeurs montent, et des *Cumulus* se forment. »

On aperçoit de suite dans la définition du *Strato-cumulus* de Kaemtz la même confusion que dans la description du *Cumulo-stratus* de Howard, signalée plus haut. Ces termes de masses nuageuses *arrondies* ou *étendues,* ou encore à *bords mal circonscrits,* embrassent précisément trois expressions qui s'excluent mutuellement, de sorte qu'il est impossible de savoir la vraie forme du nuage ; car, si les masses nuageuses

sont *arrondies*, elles ne sont plus *étendues* dans le sens de
Kaemtz et bien moins ont-elles des *bords mal circonscrits*.
Quant à la constitution physique du *Strato-cumulus*, elle est
la même d'après Kaemtz que celle des *Cumulus* et des *Cumulo-
stratus*, c'est-à-dire composée de vapeur vésiculaire très-dense.
« Enfin les *Strato-cumulus* se rapprochent des *Stratus* par leur
extension, mais s'en éloignent par leur plus grande hauteur. »
Nous avons déjà dit que l'on ne pouvait comparer le *Strato-
brouillard* à aucune forme de nuage. Il ne reste plus que
l'heure de l'apparition et de la disparition des *Strato-cumulus*,
qui paraît être la distinction fondamentale qu'a voulu établir
Kaemtz, et qui les distingue des *Cumulus* et des *Cumulo-stratus*,
ainsi que leur permanence en hiver pendant des semaines
entières. En un mot, le *Strato-cumulus*, pour Kaemtz, serait
le nuage de la nuit et de l'hiver qui prédominerait le plus
souvent pendant l'absence des rayons solaires et se dissou-
drait à l'approche du soleil.

Il est à remarquer que la distinction des nuages de nuit,
établie par Kaemtz et Howard, n'a aucun fondement, et, pour
notre compte, nous n'avons jamais pu la saisir. C'est tellement
vrai, que ces deux savants ne sont nullement d'accord, ce qui
a donné lieu à la nouvelle variété de Kaemtz. Le nuage de
nuit, pour Kaemtz, est le *Strato-cumulus*, tandis que pour
Howard c'est le *Stratus*. D'un autre côté, le *Stratus* n'étant
pas un véritable nuage, suivant Howard lui-même, mais
simplement un *brouillard* ou une *gelée blanche*, la distinction
entre le nuage de nuit et le nuage de jour devient complétement superflue. Pour terminer cet examen sur la preuve de la
non-existence du *Strato-cumulus*, nous dirons que Kaemtz
nous avait avoué, peu avant sa mort, qu'il n'attachait plus
aucune importance à son nuage de nuit, et qu'il nous autorisa
à le rayer de la nomenclature.

IV. — Le Cumulus.

A l'égard du Cumulus proprement dit, nous avons une autre erreur à relever, tout aussi grave que les précédentes, qui fausse encore plus les observations et les déductions que l'on pourrait en tirer. On enregistre à tout propos des Cumulus lorsqu'il n'y en a pas *un seul*. Nous pouvons assurer que, sous toutes les latitudes du globe, les Cumulus sont spécifiquement des nuages d'*été*, de *jour* et de l'*horizon*. Les Cumulus apparaissent après le lever du soleil, lorsque l'évaporation du sol et le courant ascendant, qui s'ensuit, se font sentir. Ils disparaissent peu après le coucher du soleil, quand le refroidissement nocturne commence. Ils subsistent rarement jusqu'à minuit. Ils sont en été d'autant plus abondants et développés que la chaleur est intense, et disparaissent presque en hiver; à tel point que, sur le plateau de la vallée de Mexico, ils sont invisibles pendant les six mois de la saison d'hiver et de sécheresse, et reparaissent pendant les autres six mois de la saison d'été et de pluies.

Nous demandons maintenant : lorsqu'on verra le jour et la nuit, aussi bien en été qu'en hiver, des nuages gris ou noirâtres, formés de vésicules aqueuses, se mouvant rapidement dans les basses régions de l'atmosphère, produisant des couronnes et des arcs-en-ciel, des pluies passagères, etc., comment nommera-t-on ces nuages? Les observateurs les enregistrent sous le nom de *Cumulus*. Eh bien, il n'en est rien ! Comparez l'époque d'apparition, l'origine, les caractères de structure et de forme de ces nuages avec ceux des Cumulus proprement dits, et vous n'y trouverez pas le moindre rapport de similitude, de cause et d'effet. Donc, tout nuage informe, isolé ou en groupe, qui traverse rapidement la région zénithale dans une direction quelconque, est un *Fracto-cumulus;* mais, tout nuage hémisphérique qui repose sur une base horizontale et s'élève vers la région zénithale sans se détacher de l'horizon, où il circule, est un *Cumulus.* Dans tous les pays du monde, on observe les Fracto-cumulus pendant toute l'année et à toutes les heures du jour et de la nuit; mais les Cumulus ne se développent et n'abondent que dans les grandes chaleurs d'été.

Nous allons au-devant d'une objection : s'il est vrai que les Cumulus sont, pour ainsi dire, cloués à l'horizon d'où on les observe, en se transportant sous cet horizon, aurons-nous alors les Cumulus au-dessus de notre tête, et notre nouvel horizon sera-t-il dépourvu de ces nuages? Cette expérience est à faire. Que dire encore du fait que les Cumulus s'élèvent tous les matins et disparaissent tous les soirs *derrière* les collines de la vallée de Mexico? D'où sortent-ils? Où se retirent-ils? Car on les voit graduellement s'élever et s'affaisser sur place sans presque se dissoudre. Si nous eussions pu organiser au Mexique et à l'île de Cuba les séries d'observations simultanées que nous avions proposées à plusieurs reprises depuis 1849,[21] nous pourrions aujourd'hui donner la solution du phénomène.

Ce que l'observation lointaine nous a positivement démontré, c'est qu'une cordillère de Cumulus hémisphériques et à base horizontale s'élève à partir du matin autour de l'horizon visible, et circonscrit l'observateur pendant toute la journée. On observe aussi en pleine mer ce cercle de Cumulus, ainsi que dans une atmosphère chauffée, comme l'est l'enceinte d'une grande ville ou d'une vallée, où l'évaporation est considérable et le courant ascendant puissant. L'évaporation et le courant ascendant jouent un grand rôle dans la constitution et dans l'allure du Cumulus. On verra plus loin les observations de Karl Fritsch à l'appui de notre assertion.

V. — *Le Cirro-stratus.*

Une nouvelle erreur des météorologistes est de considérer les Cirro-stratus comme constituant une véritable *couche de Cirrus*. Le qualificatif de *Stratus* a grandement contribué à cette fausse interprétation, car on l'a pris pour synonyme de *couche*, et, chaque fois qu'on a vu des Cirrus un peu étendus, on les a baptisés *Cirro-stratus*. On n'a nullement tenu compte qu'entre les Cirrus proprement dits, les Cirro-stratus et la couche de Cirrus ou notre Pallio-cirrus, il y a des différences radicales d'origine, de structure et de forme, qu'une étude approfondie fait immédiatement ressortir dans les variations de pression, de température, d'humidité, dans la direction des courants atmosphériques, dans les phénomènes optiques, etc.

La vraie couche de Cirrus ne peut exister que dans une trame atmosphérique située *au-dessous* de celle des Cirro-stratus et à la hauteur au moins de la trame des Cirro-cumulus, souvent encore plus bas, surtout au moment où ceux-ci s'abaissent à la dernière limite inférieure et prennent la forme d'une couche; car elle remonte ensuite un peu. En un mot, *les Cirro-cumulus sont les seuls nuages supérieurs qui ont la propriété de s'étendre en couches horizontales et continues.* Cette évolution se produit par degrés : premièrement les mottes des Cirro-cumulus s'agrandissent jusqu'à ce qu'elles finissent par s'unir entre elles, couvrant le ciel en entier : c'est alors notre Pallio-cirrus. Les filaments déliés des Cirrus n'affectent que des formes courbes, sinueuses ou rectilignes : c'est la queue de chat des marins ou une queue flottante de cheval, une chevelure bouclée, une touffe tordue, des plumes, une couronne même ; la forme rectiligne se traduit par un pinceau délié, des flèches, et enfin sur une grande étendue par des bandes qui embrassent du N. au S. ou de l'E. à l'O., et *vice-versâ*, tout le ciel, constituant parfois une vraie colonne vertébrale sous une forme arborescente. Ce sont les Cirrus que nous appelons *Tracto-cirrus*. C'est encore une erreur de prendre pour des couches des filaments ou des bandes étendues de Cirrus, par le fait qu'elles peuvent masquer l'azur du ciel, car elles n'ont presque pas d'épaisseur ni de continuité. Quant aux Cirro-stratus, situés entre les Cirrus et les Cirro-cumulus, leur structure est de cristaux de glace géométriquement disposés.

Ainsi, la différence entre les Cirrus, les Cirro-stratus et les Cirro-cumulus a pour cause physique surtout une augmentation de pression, de température et d'humidité dans l'évolution des premiers aux derniers nuages. Il faut donc plus de chaleur et plus d'humidité pour que les Cirrus des hautes régions puissent se convertir en une couche ou en Pallio-cirrus, à l'altitude au moins de la trame des Cirro-cumulus qu'ils viennent remplacer. Il y a un autre nuage qui possède au même degré la propriété de s'étendre en une couche continue : c'est notre Fracto-cumulus, lorsqu'il s'entasse dans les basses régions de l'atmosphère, et constitue notre Pallio-cumulus.

Maintenant, est-il bien vrai que Howard désigne le Cirro-stratus comme constituant une couche de Cirrus ? Disons premièrement que l'opinion du savant météorologiste anglais n'est pas bien arrêtée. Tantôt il fait passer le Cirrus en Cirro-stratus, et tantôt en Cirro-cumulus, dans des circonstances équivoques et que nous n'avons jamais observées. Les Cirrus en s'abaissant peuvent passer directement à la forme des Cirro-cumulus, si le milieu qu'ils traversent n'est point favorable à la structure des Cirro-stratus. Dans le cas contraire, les Cirrus deviennent Cirro-stratus avant de devenir Cirro-cumulus dans une couche encore plus basse. On remarque dans les descriptions de Howard une confusion qui émane surtout de l'erreur dans laquelle il est tombé en plaçant généralement les Cirro-cumulus au-dessus des Cirro-stratus, inversement à ce qui se passe dans la nature. Dans chaque transformation des nuages dérivés, il ne manque point de faire descendre les Cirrus à une couche inférieure, ce qui est parfaitement correct d'après les apparences, mais non pas rigoureusement exact; car ce ne sont point les Cirrus qui se transforment directement en Cirro-stratus ou en Cirro-cumulus, mais c'est la vapeur d'eau qui, à ces altitudes, affecte visiblement la structure correspondant au milieu ambiant, sous l'influence de la température régnante et des autres variations concomitantes de l'atmosphère. *Mais nulle part Howard ne considère les Cirro-stratus comme une couche de Cirrus.* Sa description des Cirro-stratus présente, au contraire, les plus grands rapports avec les circonstances que nous avons observées dans le développement de ce nuage : nos bandes, stries, arêtes, dentelures, sous la forme concave ou convexe, offrant une parfaite stratification, tout cela ressemble assez aux « parallel bars, or interwoven streaks like the grain of polished wood, thick in the middle, and extenuated towards the edge », de Howard. Au reste, Howard remarque très-bien que dans ce nuage, la forme variant beaucoup, il faut plutôt considérer sa structure. On ne peut même pas conclure à la couche des Cirro-stratus par la phrase suivante de Howard : « This Cloud appears to result from the subsidence of the fibres of the Cirrus to a horizontal position, at the same time that they approach towards each other laterally. » Il ne parle pas de couche horizontale, mais de la position horizontale que prennent les filaments des Cirrus en se transformant en Cirro-stratus, parce qu'il considère ces filaments dans les Cirrus comme étant inclinés vers le haut ou vers le bas. Il déduit de la position ascendante des fibres la dissolution de la vapeur d'eau qui précède la pluie, et pour la position descendante, l'évaporation et le beau temps. Nous avons également signalé que les filaments ou stries des Cirro-stratus sont horizontaux. Finalement, Howard n'attribue qu'aux Cirrus purs et qu'aux Nimbus, en dehors de son Stratus-brouillard, la propriété de se constituer en de véritables couches.

Quand on considère que les Cirro-stratus sont formés d'aiguilles glacées, dans un milieu jouissant d'une basse température, moins hygrométrique et plus sec, on s'explique comment ce genre de nuage ne peut trop s'étendre sous la forme de couche compacte, sans s'abaisser par son propre poids à une altitude inférieure, en vertu de l'accroissement de surface, de volume et de densité. Dût-il subsister à la même altitude, que les nouvelles précipitations de la vapeur d'eau transformeraient sur place ce Cirro-stratus en Cirro-cumulus. C'est d'après une telle constitution physique de structure, confirmée par nos expériences galvanométriques et l'observation directe, que nous soutenons que le Cirro-stratus se trouve situé en altitude au-dessus du Cirro-cumulus, et ne prend point la forme de couche proprement dite. Par la même considération, les balles des Cirro-cumulus, aussitôt qu'elles acquièrent une certaine extension prévue, s'unissent entre elles et forment une couche compacte qui devient un Pallio-cirrus.

L'idée de considérer le Strato-cirrus comme l'équivalent d'une couche de Cirrus a entraîné les météorologistes dans une nouvelle erreur en plaçant les Cirro-cumulus en altitude au-dessus du Cirro-stratus. Cette erreur, commise à la légère ou à défaut d'observations exactes par Howard, a été sanctionnée sans examen préalable par le Bureau météorologique de Londres. Dès le début de nos observations, ainsi que dans notre classification des nuages, publiée en 1865, nous avons au contraire placé le Cirro-stratus *au-dessus* du Cirro-cumulus, tel qu'il se trouve dans l'atmosphère. Cette inversion est de la plus haute importance dans la théorie de l'évolution des dérivés du type Cirrus. L'observation visuelle ou en ballon, les manifestations météorologiques concomitantes et les premiers éléments de la Physique ne laissent aucun doute à cet égard.

Voici exactement ce qui se passe dans la nature : lorsque les Cirrus s'abaissent, ils se transforment en Cirro-stratus. Les aiguilles glacées de ce dernier nuage inférieur sont plus compactes et abondantes, plus définies et mieux géométriquement distribuées que les particules moins abondantes et plus isolées des Cirrus supérieurs. Quand les Cirro-stratus s'abaissent à leur tour, ils se transforment en Cirro-cumulus : la structure neigeuse remplace la structure glacée par l'effet de la hausse de la température. Les Cirro-cumulus en s'abaissant eux-mêmes, se transforment en Pallio-cirrus ou en une couche neigeuse. Enfin, lorsqu'il descend encore plus, le nuage prend la forme du Cumulus et de ses dérivés : les vésicules aqueuses remplacent la glace et la neige sous l'influence d'une plus haute température.

Si l'on s'était bien pénétré de ce fait incontestable, ni Howard, ni les météorologistes modernes n'auraient jamais placé, dans l'ordre de leur altitude, les Cirro-cumulus *neigeux* au-dessus des Cirro-stratus *glacés*. Car, *à priori* même, la constitution de l'eau sous l'état solide, neigeux et aqueux, suivant la température régnante à telle ou telle altitude, nous fournit et la structure et la forme du nuage en dehors des phénomènes optiques, des courants, des aires de haute et de basse pression, et des perturbations atmosphériques qui s'y rattachent. Ces éléments sont tellement liés, que la présence d'un seul nous dévoile l'existence des autres. Telle est la genèse des nuages que nous avons pu saisir en surprenant la nature sur le fait.

Voici une nouvelle preuve à l'appui, que nous avons mainte fois confirmée et que nous trouvons entre autres dans notre journal d'observations à la date du 31 mai 1859 : « J'ai souvent fait la remarque que les Cirro-stratus qui apparaissent avant dix heures du matin se transforment plutôt en Cirro-cumulus, probablement en s'abaissant, et reprennent le soir de cinq à six heures, au moment où la température commence à baisser après le coucher du soleil, la forme de Cirro-stratus qu'ils avaient le matin. Ceci a surtout lieu lorsque les Cirro-cumulus s'élèvent, alors que dans les basses régions les Fracto-cumulus se meuvent du N.-E. au S.-O. ou de l'E. à l'O., c'est-à-dire de régions relativement froides. »

Ainsi, les Cirro-stratus se forment et subsistent sous une baisse thermométrique plus grande que celle que requièrent les Cirro-cumulus. Il faut donc plus de froid pour produire les aiguilles de glace des Cirro-stratus que pour cristalliser la neige des Cirro-cumulus. On sait d'autre part que, si la neige commence à tomber, la température atmosphérique s'élève un peu et le dégel s'ensuit.

Il se produit ici une transformation des forces vives de la nature analogue à celle que les physiciens reconnaissent dans la corrélation et la conversion équivalente de l'énergie des forces. La glace et la neige absorbent et dégagent alternative-ment la chaleur et le froid. Il en est de même dans les mani-festations électriques des orages : peu avant, il se produit un calme plat et une chaleur étouffante ; mais, aussitôt après, cette chaleur se convertit en effets électriques : l'éclair luit, le ton-nerre gronde, la foudre éclate, la pluie se précipite à torrents. Après l'orage, la chaleur et l'électricité activent l'évaporation et l'atmosphère se refroidit. Nous avons ainsi la conversion de la chaleur en électricité et *vice versa*, puis son retour à l'état normal à la suite d'une série de transformations de forces vives d'une équivalence mécanique. Nous avons appliqué ces prin-cipes de la Physique moderne à l'étude des forces sensibles dans les manifestations météorologiques.

CHAPITRE III.

NOUVELLE CLASSIFICATION DES NUAGES.

I. — Fondements.

> Pour qu'une classification ne dégénère
> point en une vaine tentative, il faut que
> le concret puisse exprimer l'abstraction
> d'où il émane. A. Poëy.

Nous allons établir la base d'une nouvelle classification des
nuages, plus en harmonie avec les données actuelles de la
science. C'est le fruit de trente années (à partir de 1848)
d'études assidues dans les Antilles, au Mexique, aux États-
Unis et en Europe. Depuis le commencement de nos observations météorologiques à la Havane, ville située sous le tropique,
où l'ensemble des phénomènes atmosphériques affecte une extrême simplicité en raison de leur surprenante régularité, qui
disparaît à mesure qu'on s'approche des hautes latitudes, depuis
cette époque nous avons senti de plus en plus la nécessité de
perfectionner la nomenclature de Howard. Pendant longtemps
nous ne pûmes saisir les quatre formes de nuages, dont nous
sommes arrivé à rejeter : le *Stratus*, le *Nimbus*, le *Cumulo-stra-*

tus et le *Strato-cumulus*. Plus tard, en consultant l'ouvrage original de Howard, nous aperçûmes les erreurs dans lesquelles étaient tombés Kaemtz et tous les météorologistes. Nous entreprîmes alors d'introduire dans la classification de Howard les modifications essentielles que les progrès de la Météorologie réclament aujourd'hui, afin que la nomenclature des nuages puisse être plus en harmonie avec nos nouvelles conquêtes. Nous reconnaissons avec plaisir que la classification de Howard, qui a régné sans rivale pendant trois quarts de siècle (surtout depuis 1820), était dans l'origine basée sur une étude approfondie, dirigée par une grande perspicacité dans l'observation des faits. Malheureusement, elle porte trop le cachet de la seule localité où Howard poursuivit ses travaux : nous voulons parler du ciel généralement gris et nuageux de l'Angleterre, d'où nous viennent son *Strato-brumeux* (*Strato-mist*), sa distinction imparfaite des deux couches de *Cirrus* et de *Cumulus* qu'il appelle *Nimbus* (nuage de pluie), la différence qu'il a établie entre le *Cumulus* et le *Cumulo-stratus*, sans compter bien d'autres détails de descriptions erronées, se rapportant au Cirrus, au Cirro-stratus et au Cirro-cumulus.

Voici la raison d'être de nos premières déterminations. Lorsque certains nuages sont étendus d'une façon uniforme, voilent tout le ciel et prennent une teinte grise ou cendrée, état atmosphérique durant lequel la pluie peut tomber pendant des heures ou des journées entières, quel nom donnerons-nous à ces nuages ? Ce ne sont pas les *Nimbus* de Howard, tels que nous les concevons et comme on les décrit. Ce ne sont point des nuages d'orage, car ils n'ont pas les manifestations électriques : ils produisent seulement une pluie plus ou moins abondante et continue. Sous cette couche, car c'est une vraie couche, nous voyons constamment d'autres nuages plus ou moins considérables, mais toujours isolés, venir se fondre, augmenter d'épaisseur et former une nouvelle couche inférieure. Au con-

traire, avant que cette dernière couche commence à se déchirer
et pendant qu'elle se déchire, nous observons ces mêmes fragments informes se détacher et fuir vers d'autres régions. Cette
couche inférieure n'est pas seule, car, lorsqu'elle est rompue,
nous voyons à travers une autre couche supérieure plus blanche
et moins dense qui s'était déjà déchirée, et finit par disparaître
en sens contraire de la première couche inférieure. Avons-nous
un nom pour cette variété de nuages, si communs en temps de
pluie, depuis les régions intertropicales jusque par les hautes
latitudes, surtout en hiver quand il neige ? Est-ce que le *Nimbus* d'Howard, sa description et sa planche se rapportent à
cette sorte de nuage ? Non, certainement. On appelle indiffé-
remment *Nimbus* le nuage d'orage isolé, cette couche inférieure
ou encore les deux couches réunies, et tout cela sans qu'il y ait
de manifestations électriques. C'est là ce que nous appelons un
Pallium, c'est-à-dire que nous désignons ainsi ces couches,
dont la supérieure, électro-négative, formée de Cirrus, constitue
le *Pallio-cirrus*, et dont l'inférieure, électro-positive, formée
de *Cumulus*, constitue le *Pallio-cumulus*. Les fragments de
nuages, qui diffèrent complétement des *Cumulus* ou des *Cumulo-stratus*, sont nos *Fracto-cumulus*.

On sent donc la nécessité de distinguer ces deux couches par
des noms différents. Le terme unique de *Nimbus* ne les distingue nullement, et les descriptions de Howard laissent
beaucoup à désirer. En outre, lorsqu'on parle de Nimbus, on
n'a jamais dans l'esprit l'idée fondamentale de deux couches
de nuages superposées. Cette nécessité résulte d'ailleurs du
fait que la couche de *Cirrus* se forme des heures et même des
jours avant celle des *Cumulus*, surtout dans les régions équa-
toriales, et disparaît la dernière. Sans cette distinction, nous
sommes obligés d'appeler *Cirrus* la première couche, et *Cumulus* la seconde ; mais comme, sous cet état de couches, la structure et les propriétés physiques des Cirrus et des Cumulus

changent complétement, il s'ensuit une confusion et des erreurs innombrables.

Dans l'ensemble de la classification de Howard, nous conservons ses deux types, *Cirrus* et *Cumulus*, et leurs deux dérivés, *Cirro-stratus* et *Cirro-cumulus*, mais nous rejetons totalement son *Stratus*, son *Nimbus* et son *Cumulo-stratus*, ainsi que le *Strato-cumulus* de Kaemtz, pour les raisons énoncées :

Le *Stratus*, parce que ce n'est pas (d'après Howard) un nuage proprement dit, mais un brouillard (*Mist*) ou une gelée blanche (*Hoar-frost*), ou bien encore par l'effet d'une illusion d'optique, un *Cirrus*, un *Cirro-stratus* ou un *Cirro-cumulus*, tels que la perspective les montre à l'horizon ;

Le *Nimbus*, parce que c'est une dénomination inexacte appliquée d'ailleurs à une idée aussi vague que fausse, du moment que le *Cumulus* n'est réellement pluvieux que lorsqu'on le trouve étendu et formant une couche épaisse en regard et au-dessous d'une seconde couche supérieure de *Cirrus*, également pluvieuse ;

Le *Cumulo-stratus*, parce qu'il ne diffère en rien du Cumulus, selon les propres définitions de Howard, les trois caractères fondamentaux du nuage type étant communs à ces deux formes : leurs bases horizontales, leurs coupes supérieures hémisphériques, et l'agrégation ascendante de leurs particules aqueuses.

Enfin nous rejetons le *Strato-cumulus* (nuage de nuit de Kaemtz), parce que cette variété n'a aucun rapport avec les nuages de nuit, pas plus que le Stratus de Howard, et parce que, au contraire, ses autres traits caractéristiques correspondent au *Cumulo-stratus* ou plus exactement au *Cumulus* proprement dit.

D'un autre côté, nous substituons au *Nimbus* le *Pallium*, que nous subdivisons en *Pallio-cirrus* et en *Pallio-cumulus*, suivant que ses couches sont formées de *Cirrus* ou de *Cumulus*.

Cette appellation a le triple avantage de réunir le genre, la forme et l'effet, c'est-à-dire de montrer que ce sont des *Cirrus* et des *Cumulus* qui forment une double couche pluvieuse. Nous introduisons aussi la détermination d'une seconde forme transitoire qui nous paraît pouvoir être rigoureusement distinguée des précédentes sous le double rapport de l'origine et de ses produits. Ce sont les *Fracto-cumulus*, fragments de nuages qui errent sans forme déterminée avant leur transformation en *Cumulus* (ou *Cumulo-stratus*), qui se précipitent vers la surface inférieure de la couche de Pallio-cumulus ou s'en détachent, et qui enfin se fixent en bandes horizontales au sommet des *Cumulus* à l'approche des coups de vent. Ces *Fracto-cumulus* diffèrent des *Cumulus* en ceci : ils n'ont ni la base horizontale, ni la coupe supérieure hémisphérique tant qu'ils ne sont pas très-étendus ; mais, dès qu'ils s'agrandissent un peu, on voit de suite se former au centre du fragment un espace plus dense et plus noirâtre que le reste, qui s'abaisse graduellement jusqu'à ce qu'il constitue la base horizontale du *Cumulus* (*Cumulo-stratus*), pendant que la partie supérieure s'arrondit par degrés. Ainsi le *Fracto-cumulus* est l'enfance du *Cumulus*, autrement appelé *Cumulo-stratus*, deux noms qui sont synonymes.

Nous proposons enfin deux nouveaux noms latins, afin de pouvoir désigner deux structures de nuages que l'on ne doit plus confondre avec toutes les autres formes : 1° les *Tracto-cirrus* ou bandes de Cirrus, qui se développent dans une couche un peu inférieure à celle des Cirrus proprement dits, comme le démontre l'étendue de ces bandes formées d'une plus grande abondance d'aiguilles glacées ; tandis que c'est à peine si la vapeur d'eau se précipite sous la forme de la cristallisation de filaments ou de boucles de Cirrus, n'ayant souvent qu'une durée momentanée ; car, à une plus grande altitude, toute précipitation devient impossible à cause de l'extrême sécheresse de l'air ; 2° les *Globo-cirrus* et les *Globo-cumulus*, suivant que ces nuages, précurseurs de la tempête, proviennent des *Pallio-cirrus* ou des *Pallio-cumulus*. On les connaît en Angleterre sous le nom de *Pocky-clouds*.

Ainsi cette nouvelle classification est entièrement basée sur la *structure*, la *forme*, la *quantité*, la *direction*, la *vitesse* et la *rotation azimutale* des nuages, dont ces éléments constituent la nature intime. Elle correspond en outre à chaque couche parfaitement caractérisée par les vapeurs vésiculaires et les particules congelées. Car, dans la structure des nuages, il existe une condition fondamentale qui repose sur la force physique agissant tout d'abord sur leur constitution : c'est l'élément de la *chaleur*. Les nuages se distinguent alors en *nuages de glace* et en *nuages* de *neige*, suivant que leurs parties constituantes sont plus ou moins congelées; puis en *nuages de vapeur aqueuse*, dont les vésicules, vides ou pleines, flottent dans un milieu au-dessus du point de congélation. La formation respective des halos, des couronnes et des arcs-en-ciel dans ces trois ordres de nuages démontre la nécessité de cette distinction capitale.

En les envisageant à ce point de vue fondamental, il n'y a que deux types de nuages : les *Cirrus* et les *Cumulus*. Au Cirrus se rattachent cinq formes transitoires : le *Tracto-cirrus*, le *Cirro-stratus*, le *Cirro-cumulus*, le *Pallio-cirrus* et le *Globo-cirrus*. Au Cumulus se rattachent trois formes transitoires : le *Pallio-cumulus*, le *Globo-cumulus* et le *Fracto-cumulus*.

Voici la table de notre classification comparée à celle de Howard :

NOUVELLE NOMENCLATURE DE POEY.

Premier type... **Cirrus**........	Tracto-cirro-stratus.. .	}	Nuages de glace.
Tracto-cirrus.	Tracto-cirro-cumulus..	}	
Cirro-stratus...................		}	
Dérivés....... Cirro-cumulus.....................		}	Nuages de neige.
Pallio-cirrus......................		}	
Globo-cirrus.................		}	

Second type....**Cumulus**............................ ⎞
Dérivés.......⎰ Pallio-cumulus. .... ⎱ Nuages de va-
          ⎱ Globo-cumulus...................... ⎰ peur aqueuse.
          ⎱ Fracto-cumulus.................... ⎱

ANCIENNE NOMENCLATURE DE HOWARD.

Premier type.......... Cirrus.
Dérivés............⎰ Cirro-cumulus.
          ⎱ Cirro-stratus.
Second type........... Cumulus.
Dérivé.............. Cumulo-stratus.
Troisième type........ Stratus.
Dérivés des trois types.. Nimbus.

L'ordre dans lequel les nuages se trouvent placés, dans notre
nomenclature, correspondant à la fois à l'ordre dans lequel ils
apparaissent, depuis les plus hautes régions des Cirrus jusqu'aux
couches les plus rapprochées de la terre, où les Fracto-cumulus
se forment, suivant que la tension de la vapeur d'eau passe de
l'état de particule de glace ou de neige à l'état de vésicules
aqueuses, ou *vice-versâ*. Toutefois, le Cumulus proprement
dit, à partir de sa base, est au-dessous du Globo-cumulus qui
se trouve attaché au Pallio-cumulus, et au-dessus du Fracto-
cumulus, si l'on considère le sommet le plus élevé du Cumulus.
Il est à sa véritable altitude dans la table de la nomenclature
vulgaire, ainsi que dans la description des dix formes distinctes
de nuages.

Lorsque nous publiâmes, en 1865, cette nomenclature, nous
retenions le Cumulo-stratus tout en faisant ressortir son identité avec le Cumulus. Dans la description du Cumulus, nous
ajoutions *vel* Cumulo-stratus. Dans l'embarras du choix, nous
aurions voulu conserver abstraitement le Cumulus comme le
second type, en lui appliquant le nom de *Cumulo-stratus*, qui
correspond plus exactement aux deux caractères fondamentaux
de ce nuage, à savoir : la base horizontale et l'accumulation de
la coupe hémisphérique. Mais, comme la dénomination de
Cumulo-stratus dérive de deux variétés de nuages mal définies

par Howard, il est préférable de l'abolir et d'adopter le nom générique et typique de *Cumulus*, en lui attribuant les caractères correspondant à ces deux nuages, qui ne constituent en réalité qu'un seul et même type.

Nos deux *Pallio* remplacent le *Nimbus* de Howard, nommé aussi « nuage de pluie ».

Dans son *Climate of London* (1818, t. I, p. xxxii), Howard rejette la nomenclature vulgaire de Forster pour plusieurs raisons de peu de poids, dont la principale est qu'elle ne se prête point à toutes les langues, comme le fait sa nomenclature latine. La croyant utile à l'usage ordinaire des personnes qui ne s'occupent pas de science, nous la remplaçons par une autre plus exacte et plus en harmonie avec la nature, la structure et la forme des nuages.

Nous proposons donc dans le tableau qui suit, pour les cinq principales langues vivantes, une nomenclature vulgaire des nuages, que l'on pourra étendre aux autres dialectes. Quelques-uns de ces noms sont déjà admis dans leur langue respective. Les expressions *montagneux* et *venteux* expriment exactement, la première, la forme, et, la seconde, la propriété du nuage. Il nous paraît avantageux de réserver la désignation de *couches* pour le Pallio-cirrus neigeux et le Pallio-cumulus pluvieux, désignation qui embrasse à la fois la structure et la forme de ces nuages. Dans les termes *pommelé*, *mackerel*, *pomellata* et *empedrada*, nous avons appliqué au nuage même l'apparence que l'on attribue au ciel sous cet état, comme quand on dit : *ciel pommelé*, *mackerel-sky*, etc., c'est, en réalité, le nuage qui donne à l'atmosphère cette apparence. La structure du Cirro-stratus nous semble bien exprimée par le terme de nuage *stratifié*, attendu qu'il ne constitue jamais une couche proprement dite. Nous nous sommes suffisamment étendu sur cette erreur due en partie à l'étymologie latine. Sous ce rapport, la désignation de Howard est loin de correspondre à la structure de ce nuage. Nous ne l'avons point changée pour ne pas trop bouleverser la nomenclature en usage. — Toute réforme radicale demande du temps et de l'indulgence de la part des savants.

TABLEAU

DE LA NOMENCLATURE VULGAIRE DES NUAGES

EN CINQ LANGUES

LATIN	FRANÇAIS	ANGLAIS	ALLEMAND	ITALIEN	ESPAGNOL
Cirrus.	Nuage bouclé.	Curl-Cloud ou Mare's tails-Cloud.	Lockenwolke.	Nuvola arricciata.	Nube rizada.
Tracto-cirrus.	Nuage en bandes	Belt-Cloud.	Bandwolke.	Nuvola in banda	Nube en fajas.
Cirro-stratus.	Nuage stratifié.	Stratified-Cloud	Geschichtete Wolke.	Nuvola stratificata.	Nube estratificada.
Cirro-cumulus.	Nuage pommelé	Mackerel-Cloud	Lämmerwolke.	Nuvola pomellata.	Nube empedrada.
Pallio-cirrus.	Couche neigeuse.	Snow-Sheet.	Schnee-Schichte	Strato nevoso.	Capa nevosa.
Globo-cirrus.	Nuage globulaire neigeux.	Globular Snow-Cloud.	Kugelförmige Schneewolke.	Nuvola globulosa nevosa.	Nube globular nevosa.
Pallio-cumulus.	Couche pluvieuse.	Rain-Sheet.	Regen-Schichte	Strato piovoso.	Capa lluviosa.
Globo-cumulus.	Nuage globulaire tempêtueux.	Globular tempestuous-Cloud.	Kugelförmige Sturmwolke.	Nuvola globulosa tempestosa.	Nube globular tempestuosa.
Cumulus.	Nuage montagneux.	Mount-Cloud.	Bergwolke.	Nuvola montagnosa.	Nube montañosa.
Fracto-cumulus	Nuage venteux.	Wind-Cloud.	Windwolke.	Nuvola ventosa	Nube ventosa.

Le Congrès international des météorologistes, réunis à Vienne
en 1873, a adopté un système de symboles pour la représentation des hydrométéores et autres phénomènes remarquables.
Mais il ne fut nullement question de symboles pour les nuages.
Cependant, ces signes sont d'une très-grande ressource lorsqu'il
faut annoter rapidement l'état du ciel sous les différentes manifestations d'un orage ou, encore, dans des excursions fati-
gantes. Les abréviations remplissent le même but et offrent
en outre dans les publications une économie d'espace et d'argent.

Le Dr Gustavus Hinrichs a publié [*] en 1876 des symboles
à l'usage de notre nomenclature et de celle de Howard. Nous
trouvons que ces signes ne symbolisent pas assez la structure
et la forme des nuages. D'un autre côté, le Pallio-cirrus est représenté par deux lignes parallèles et obliques, tandis que le
Pallio-cumulus n'a qu'une ligne horizontale. Ce devrait être
l'inverse, attendu qu'au-dessus de la couche de Cumulus il y a
toujours une couche de Cirrus, pendant que cette dernière peut
exister sans la présence d'une couche inférieure de Cumulus.
C'est pour cela que nous représentons le Pallio-cumulus par
deux lignes sinueuses et horizontales, non pas obliques, d'où la
pluie se détache de la couche inférieure et plus épaisse, formée
de Cumulus.

Dans nos symboles, le Cirrus est représenté par une boucle;
le Tracto-cirrus, par deux lignes ou bandes convergentes à l'horizon; le Cirro-stratus, par une une stratification; le Cirro-cumulus, par une étoile de neige; le Pallio-cirrus, par une ligne
ou couche sinueuse; le Globo-cirrus, par une boule blanche de
neige, attachée au Pallio-cirrus; le Pallio-cumulus, par deux
lignes ou couches sinueuses, d'où se détache la pluie de l'inférieure; le Globo-cumulus, par une boule noire de vapeur d'eau,
attachée au Pallio-cumulus; le Cumulus, par une coupe hémisphérique reposant sur une base horizontale; enfin, le

Fracto cumulus, par un fragment déchiré de Cumulus foncés. De la sorte, chaque symbole symbolise autant que possible la forme du nuage.

Symboles et abréviations.

Nuage bouclé.	Ci.
Nuage en bandes	T.-ci.
Nuage stratifié.	Ci-s.
Nuage pommelé.	Ci-c.
Couche neigeuse	P.-ci.
Nuage globulaire-neigeux . .	G.-ci.
Couche pluvieuse	P.-cu.
Nuage globulaire-tempétueux.	G.-cu.
Nuage montagneux	Cu.
Nuage venteux	F.-cu.

II. — Opinions formulées par les savants.

Qu'il nous soit permis de rappeler les tentatives et les publications qui nous ont conduit à l'état actuel de l'étude des nuages, ainsi que les opinions émises par différents savants.

Dans la séance du 23 février 1863, nous communiquâmes à l'Académie des Sciences de Paris, et ensuite à la Société météorologique de France, la description de trois formes de nuages que nous désignâmes sous le nom générique de *Pallium*, puis de *Pallio-cirrus* et de *Pallio-cumulus*, suivant que la couche nuageuse dérive des Cirrus ou des Cumulus. La troisième forme porte le nom de *Fracto-cumulus*, ou fragment de Cumulus, que l'on confond encore avec ce dernier type.[12]

Dans la séance du 11 avril 1865 de la Société météorologique de France, nous lûmes un Mémoire intitulé : « Instructions pour servir à l'observation des nuages, des courants inférieurs et supérieurs de l'atmosphère », suivi de « Considérations synthétiques sur la nature, la constitution et la forme des nuages. » Nous exposions ici pour la première fois notre nouvelle classification des nuages. Nous faisions ressortir les erreurs commises à l'égard du Stratus, du Nimbus et du Strato-cumulus, etc.[13] Ces instructions furent traduites en espagnol, lues en 1866 à la Société de géographie de Mexico par M. G. Hay, publiées dans *El Mexicano* et dans *El Diario del Imperio* de Mexico et tirées à part sous forme de brochure.[14]

Nous avons donné un nouveau développement à cette classification dans la réunion semestrielle de l'Académie des Sciences, tenue à Washington en 1870. M. Moore, propriétaire du *Rural New Yorker* la fit paraître dans cet excellent journal d'agriculture. L'intérêt pratique pour les agriculteurs lui parut tellement considérable, qu'il ne s'arrêta point devant les frais de seize planches gravées sur bois, qui accompagnent cette publication.[15] L'éminent professeur Joseph Henry, directeur du Smithsonian Institution, demanda à M. Moore l'autorisation de reproduire nos planches dans le Rapport annuel de cet établissement scientifique, où notre Mémoire parut en 1870, précédé d'une introduction historique et autres additions.[16] Cette classification, considérablement augmentée, fut rééditée en 1872 et publiée, par le commandant Le Gras, dans les *Annales hydrographiques*. Le Dépôt des cartes et plans de la Marine a bien voulu faire les frais de dix-sept belles planches chromolithographiques, habilement exécutées par M. de La Fage, attaché à cet établissement.[17] Le général Myer, directeur du *Chief Signal Office* des Etats-Unis, fit paraître, dans son Rapport annuel pour 1873, les seize planches sur bois de notre classification, que le professeur Henry lui avait communiquées avec l'autorisation d'en faire usage. Le Bureau météorologique ajoute que « c'est celle qui doit être suivie par tous les observateurs. »[28]

Notre nomenclature des nuages est en usage depuis 1862 à l'Observatoire physico-météorologique que nous avons fondé à la Havane. Nous l'adoptâmes à l'Observatoire de la Commission scientifique française que nous avions établi en 1866 à Mexico. Elle fut encore adoptée à l'Observatoire de l'École des Mines de cette capitale, sous la direction de M. Cornejo.[29] A la date du 8 février 1871, nous eûmes l'honneur de recevoir une lettre de M. Arthur Searle, attaché à l'Observatoire de Cambridge, États-Unis, dans laquelle cet habile observateur nous disait que notre nomenclature y était en usage depuis l'automne de 1870, aussitôt qu'il en eut connaissance par le journal *Nature*, de Londres. « Elle est manifestement mieux adaptée, ajoute M. Searle, à la description des nuages que l'on observe ici que celle du système ordinaire. »

Dans une analyse très-exacte de notre nomenclature, lue en 1871 à la Société météorologique de Londres, M. Robert James Mann, nommé Président en 1873, établit qu'une classification philosophique des nuages doit embrasser les causes inhérentes, ainsi que les formes externes et accidentelles, l'arrangement, la description, etc. Puis ce savant ajoute : « En même temps, nous croyons que c'est précisément parce que les suggestions du professeur Poëy se dirigent si indubitablement et si admirablement dans la voie de ce désir; parce qu'elles traitent si largement des causes intrinsèques et déterminantes ainsi que des formes externes perceptibles, qu'elles sont dignes d'attirer l'attention et d'être acceptées par les météorologistes. »[30]

Karl Fritsch[31] avait déjà donné en 1871, dans le journal de

la Société météorologique de Vienne, un résumé de notre classification des nuages présentée à l'Académie des Sciences de
Washington. En 1874, il publia en quatre articles de ce journal
une analyse très-consciencieuse de notre dernière édition du
Dépôt des cartes et plans de la Marine. Fritsch est en Allemagne
une des plus anciennes et des plus savantes autorités sur les
nuages. Ses observations à l'Observatoire de Prague datent de
1839. Nous avons lu avec une grande satisfaction les instruc-
tives remarques qui accompagnent l'exposé de notre classification, et dont l'ensemble nous est favorable. Ce savant météorologiste admet avec nous l'existence indispensable de deux
couches de nuages dans la formation de la pluie, et dès lors
notre distinction des Pallio-cirrus et des Pallio-cumulus. Nous
soutenons que les Cumulus proprement dits sont des nuages
d'*été*, de *jour* et de l'*horizon*, et que le maximum tombe aux
heures de la plus grande chaleur. Eh bien ! d'après trois années
d'observations, Fritsch trouve cette distribution horaire des
Cumulus qui confirme notre opinion :

HEURES	ÉTÉ	HIVER	HEURES	ÉTÉ	HIVER
7 m.....	105.....	—	3.....	219.....	103
8	155.....	73	4.....	212.....	97
9	192.....	75	5.....	201.....	—
10	216.....	78	6.....	174.....	—
11	228.....	88	7.....	150.....	—
Midi. ...	236.....	93	8.....	102.....	—
1.	238.....	95	9.. ..	71.....	—
2.... ...	223.....	111	10.....	49.....	—

Lorsqu'on se sera rendu compte de la nature des Cumulus,
la proportion de l'hiver diminuera considérablement, car il
est probable que l'on a pris plus d'un Fracto-cumulus pour
des Cumulus. Dans certaines localités, comme à Mexico, on
les verra disparaître pendant la nuit et l'hiver. Nous regrettons
que Karl Fritsch, dans une description du temps en juillet
1871, ait identifié le Cumulo-stratus avec notre Pallio - cu-

mulus. Il dit encore : « Bander von Cirrus-Filz (Pallio-cirrus) und Nimbus-Reste (Pallio-cumulus). » H. Fritsch, aussi, appelle les « Cirrus-Filz » des Pallio-cirrus, d'après Poëy. Répétons que les fragments de Nimbus sont nos Fracto-cumulus, et les bandes de Cirrus nos Tracto-cirrus. Dans tous les cas, nos deux Pallio sont uniquement des *couches* de Cirrus ou de Cumulus.

Dans des remarques sur les nuages, faites à propos de la traduction de notre classification par Karl Fritsch, l'amiral von Wüllerstorf-Urbair[32], qui a commandé l'expédition autour du monde de la *Novara*, observe que les « désignations proposées par Poëy deviendront d'une valeur notable » dans l'étude de la région moyenne de l'atmosphère où se produit la transformation des nuages supérieurs en nuages inférieurs et *vice-versâ*, où les variations de température et de densité sont considérables, et où encore la formation des nuages ne peut pas être régulière. « Selon moi, ajoute-t-il, on ne devrait pas tarder davantage à adopter et à introduire ces désignations en général, car il est tout à fait impossible de se guider d'après les désignations ordinaires de Howard, et de pouvoir donner une description moitié suffisante d'un ciel nuageux. » Le savant amiral adopte nos deux termes de Pallio-cirrus et de Pallio-Cumulus.

A. Mühry[33], qui a signalé à plusieurs reprises notre nomenclature, exprimait en 1872 l'opinion que notre désignation de *Pallium* lui paraissait bien adaptée à toute couche de nuages qui couvre complétement le ciel, et qu'elle fait défaut dans la nomenclature de Howard ; qu'il faut en outre tenir compte du fait que nous avons signalé, à savoir que la couche supérieure de nuages est généralement électro-négative, tandis que la couche inférieure est électro-positive, en parfaite concordance avec les observations de Piazzi Smyth, de Fritsch et de plusieurs météorologistes, qui affirment que, pendant les orages, il y a toujours deux couches de nuages superposées. Flamma-

rion, dit Mühry, mentionne plusieurs auteurs, tels que Monck
Mason, de Saussure, Hutton, Peltier, Rozet, Kaemtz, Martins et Renou, en confirmation de l'existence de ces deux
couches de nuages. Nous signalons plus loin, à l'appui de
notre Pallium, les observations faites en ballon par Testu
en 1786, et par Wise en 1852. Nous pourrions en citer bien
d'autres.

Dans une adresse au Congrès international des météorologistes, qui devaient se réunir à Vienne en 1873, l'éminent
météorologiste Buys-Ballot[34] disait en 1872 : « Il se peut
que les objections de M. Poëy à l'ancienne Terminologie de
Howard soient bien fondées. »

Le consciencieux journal *Nature*, de Londres,[35] disait en
1874, dans son analyse de notre dernière édition : « Le mérite
de l'œuvre du professeur Poëy est très-considérable, qu'on
l'envisage comme une exposition de Howard ou comme une
contribution à cette branche difficile de la Météorologie; et les
météorologistes qui se sont particulièrement occupés de l'observation des nuages seront précisément les premiers à reconnaître son mérite. Il faut cependant accorder que, comme
classification descriptive des nuages, ainsi que comme explication des phénomènes qu'ils offrent, l'œuvre du professeur
Poëy laisse encore le sujet dans un état trop incomplet pour
nous autoriser à recommander l'application générale de son système. C'est un pas fait dans la vraie direction, et il contribuera
pratiquement à placer cette branche de la Physique atmosphérique et d'une importance vitale sur un pied satisfaisant. »
En signalant nos expériences galvanométriques sur la température de l'espace et des nuages, en rapport avec l'état hygrométrique, le journal *Nature* considère ces résultats comme d'un
très-grand intérêt. Il avance, avec raison, « que l'on doit chercher la clef de la Météorologie dans la connaissance des variations de la vapeur d'eau ; que cette science ne réalisera le progrès

auquel elle est appelée que quand les météorologistes recon-
naîtront la nécessité de doter les observatoires de premier ordre
des moyens nécessaires, afin qu'ils puissent embrasser les recherches physiques intimement liées à la Météorologie. » C'est
exactement la voie que nous avons suivie dans l'étude
des nuages.

Espérons que le savant auteur de cette analyse pourra trouver dans l'édition actuelle les éléments fondamentaux que la
science nous fournit aujourd'hui. Nous avons envisagé l'évolution des nuages au point de vue à la fois de leur nature, de
leur structure, de leur forme et des phénomènes météorologiques concomitants qui s'y rattachent, d'après les trois moyens
logiques d'investigation : l'observation, l'expérimentation et
la comparaison.

Le Dr Gustavus Hinrichs,[36] professeur et directeur du labo-
ratoire de chimie de l'Université de Iowa (États-Unis), a
publié un système de symboles applicables aux deux nomen-
clatures des nuages de Howard et Poëy, ainsi qu'aux diverses
manifestations météorologiques. Puis, il ajoute : « Il est hors
de doute que les modifications introduites par Poëy dans la
classification des nuages constitue un progrès extraordinaire.
Bien que les praticiens ne soient point jusqu'ici arrivés dans
leurs résultats à un degré suffisant de perfection, on ne doit
pas pour cela les négliger, et rien ne s'oppose à ce que l'on
fasse usage de la classification de Poëy. Il suffit d'observer
attentivement les formes des nuages pendant un mois pour se
convaincre de la variabilité des formes de Howard que Poëy
rejette.

La grande Encyclopédie américaine d'Appleton, ainsi que
l'édition abrégée, publiées en 1873 et 1877,[37] s'occupent de
notre classification des nuages. Voici un des passages : « Le
temps décidera si la classification du professeur Poëy est bien
fondée... Le terme Fracto-cumulus paraît être applicable à

une forme de nuage qui ne serait pas autrement clairement désignée, tels que ceux que l'on voit souvent au coucher du soleil ; mais le fait d'avoir placé dans la troisième division le nuage gris de vapeur d'eau, que le professeur Poëy appelle *Pallium*, le Stratus du professeur Loomis, paraîtrait suppléer à l'insuffisance de la classification de Howard avec autant d'approximation à l'exactitude que le sujet peut probablement comporter. »

Nous sommes sensible à cette marque d'approbation, mais nous devons observer que notre Fracto-cumulus n'a aucun rapport direct avec aucune variété de nuages visibles au coucher du soleil ; qu'on les observe au contraire sous toutes les latitudes, pendant toute l'année et à toutes les heures du jour et de la nuit ; que notre terme générique *Pallium* désigne soit une couche de particules glacées ou un Pallio-cirrus, soit une couche de vésicules aqueuses ou un Pallio-cumulus ; que le *Stratus* de Loomis se trouve dans la même circonstance que le *Nimbus* de Howard, car ni l'un ni l'autre ne déterminent la structure intime de ces deux couches de nuages, d'une nature complétement différente.

III. — *Cette classification est applicable à toutes les latitudes du globe.*

Nous tenons surtout à établir que nous n'entreprenons pas une classification uniquement basée sur les apparences que présentent les nuages à la Havane ou sur un point quelconque de l'Amérique ou de l'Europe, où nous les avons étudiés. Notre classification est au contraire applicable à toutes les latitudes du globe. Si elle a été provoquée par nos observations sous le beau ciel tropical de la Havane, c'est parce que les phénomènes météorologiques présentent dans la zone inter-tropicale une régularité surprenante, qui s'efface à mesure que l'on se rapproche des perturbations inhérentes aux latitudes plus élevées. Ce fait n'a pas échappé à la sagacité du baron de Humboldt, qui dit : « Ainsi la multiplicité des perturbations se complique encore de l'éloignement des causes souvent inaccessibles, et j'ai peut-être eu raison de croire que la Météorologie devait chercher son point de départ et jeter ses racines dans la zone tropicale, région privilégiée, où les marées atmosphériques, la marche des météores aqueux et les explosions de la foudre sont assujetties à des retours périodiques ».[38]

La zone équatoriale est encore le point de départ de toutes les grandes manifestations météorologiques du globe : des vents alizés et des contre-alizés, des vrais ouragans, du gulf-stream, des courants généraux de la mer, et d'une multitude de perturbations qui s'étendent jusqu'aux régions polaires.

Les trajectoires des ouragans découvertes par Redfield ; les études du général Sabine[39] et de Hennessy[40] à l'égard de l'influence du gulf-stream sur le climat des îles Britanniques, ainsi que toutes les recherches récentes, n'ont fait que confirmer une vérité que nous énonçons depuis 1855.

Il serait grandement à désirer, pour le progrès de la Météorologie, que les observatoires et les stations météorologiques voulussent bien adopter notre nomenclature, qui a déjà fourni de bonnes observations sur les nuages, uniformes et comparables. Il est à espérer que cette importante mesure sera prise dans le prochain Congrès météorologique, lorsqu'on se sera convaincu des avantages que cette méthode peut offrir sur celle de Howard, adoptée de confiance à défaut d'une meilleure.

CHAPITRE IV.

STRUCTURE ET FORMES DES NUAGES.

NUAGES SUPÉRIEURS DU TYPE CIRRUS.

Tous les nuages supérieurs dérivent du type Cirrus. Leur limite inférieure termine à la couche du Pallio-cumulus. Les plus hauts comprennent, dans l'ordre de leur altitude, les *Cirrus*, les *Tracto-cirrus*, et les *Cirro-stratus* : ce sont des nuages à aiguilles de *glace*. Les plus bas embrassent, dans le même ordre, les *Cirro-cumulus*, les *Pallio-cirrus* et les *Globo-cirrus* : ce sont des nuages de *neige*. Les phénomènes optiques de *réfraction*, sensibles dans la présence des halos, des parhélies et des parasélènes, ainsi que les observations faites en ballon, confirment ce fait. Leur coloration en *rose* avant le lever et après le coucher du soleil démontre leur grande altitude. Le type Cirrus et ses dérivés accusent sur notre hémisphère le courant équatorial de S.-O., et en général les courants élevés de la région de l'Ouest. Ils ne prennent jamais naissance *au-dessous* des nuages du type Cumulus et ses dérivés. Leur mouvement dans l'espace est en apparence d'autant plus lent que le nuage est plus élevé.

On pourrait théoriquement concevoir qu'une molécule de

vapeur d'eau puisse en s'élevant revêtir successivement toutes les formes de nuages jusqu'à la structure des Cirrus, ou *vice-versâ* en s'abaissant ; mais généralement la molécule inférieure, dans son mouvement ascendant, ne dépasse point la limite supérieure du Pallio-cumulus ; de même que la molécule supérieure, dans son mouvement descendant, ne dépasse pas la limite inférieure du Pallio-cirrus. Nous disons généralement, car, parfois, lorsque la couche du Pallio-cumulus se disperse, quelques portions s'élèvent et se transforment en Cirro-cumulus à grandes nuelles. D'autres fois, des portions de la couche du Pallio-cirrus dispersée s'abaissent et se transforment en Fracto-cumulus. Enfin, les Cirro-cumulus à larges nuelles peuvent donner lieu, en s'abaissant, à des Fracto-cumulus, et inversement ceux-ci, en s'élevant, peuvent produire des Cirro-cumu-lus. Mais ces transformations sont purement exceptionnelles, et se rattachent à des modifications atmosphériques encore inconnues.

I. — **Cirrus**, *Howard* (*Pl. I, II, III*).

Nuage bouclé, Poëy.

Les Cirrus sont composés de filaments plus ou moins étendus et compactes, dont l'ensemble rappelle un pinceau délié, une chevelure bouclée, une touffe tordue, des plumes, la queue flottante d'un cheval, des flèches, une couronne, etc. Ils sont connus en France sous le nom de *Queue de chat* des marins, en Angleterre sous celui de *Mare's tails*, et de *Feder-wolken* en Allemagne.

La blancheur des nuages du type Cirrus est un trait carac-téristique qui le distingue du type Cumulus dont les nuages ont une teinte sombre ou noirâtre. C'est une conséquence de

leur structure même, c'est-à-dire de la réflexion de la lumière
sur les cristaux de glace des Cirrus, ou sur les vésicules aqueuses
des Cumulus. Les Cirrus, les Tracto-cirrus et les Cirro-stratus
sont d'un blanc éclatant; les Cirro-cumulus, d'un blanc mat
de perle; les Pallio-cirrus et les Globo-cirrus, d'un blanc cendré
ou grisâtre, en rapport avec l'épaisseur et la densité de la
couche nuageuse. Les premiers et les derniers rayons solaires
sur ces nuages les colorent d'une jolie teinte rose, plus ou
moins intense, suivant leur altitude et leur densité. Leur
mouvement est en apparence excessivement lent. Leur altitude oscille entre 4,000 et 20,000 mètres. En somme, les
Cirrus sont les nuages les plus élevés, les plus lents, les plus
clair-semés, les plus raréfiés, les plus variables de formes, et
les plus étendus, lorsqu'ils se constituent en couche ou en
Pallio-cirrus, en dehors du Pallio-cumulus.

La première apparition des Cirrus présage le commencement
du mauvais temps, et leur dernière disparition annonce le
rétablissement du beau temps. Ils se présentent isolément
sous la forme de boucles, de filaments déliés, puis ils embrassent toute la voûte céleste sous l'apparence de bandes plus ou
moins arborescentes ou de Tracto-cirrus, et finissent par
constituer une couche uniforme ou un Pallio-cirrus. Sous leur
forme en flèche, les Cirrus pointent vers la direction du vent
régnant à cette altitude; sous leur forme en couronne, ils
paraissent subir l'influence et révéler la présence d'une aurore
polaire. A l'apparition des Cirrus, le baromètre commence à
descendre, et, à leur disparition, il remonte. L'ensemble des
phénomènes météorologiques change complétement d'allure
au début et à la fin.

Souvent les Cirrus sont tellement diaphanes et transparents
qu'ils se confondent avec un ciel d'un bleu pâle, et deviennent
invisibles. Ils ne sont visibles que quand les rayons du soleil
les colorent en rose avant le lever ou après le coucher de cet

astre. C'est alors qu'il faut inspecter le ciel. Les Cirrus sont à Mexico d'une ténuité et d'une diaphanéité beaucoup plus grandes qu'à la Havane.

Les Cirrus, en s'abaissant, peuvent passer directement à la structure et à la forme de Cirro-cumulus, si la température de la couche inférieure n'est pas assez basse et favorable à la stratification des cristaux de glace qui constituent les Cirro-stratus. Autrement, les Cirrus se transforment premièrement en Cirro-stratus avant de passer à la structure du Cirro-cumulus dans une couche encore plus basse et plus hygrométrique.

Lorsque, pendant la nuit, les petites étoiles sont invisibles, et que celles de première grandeur brillent d'une lumière pâle et scintillent peu, on est en présence d'un léger voile de Cirrus à demi transparents et très-élevés. Aux environs de la pleine lune, il se forme généralement un grand halo blanc.

Les Cirrus accusent dans la zone intertropicale le courant du S.-O., ou le contre-Alizé de l'Alizé de surface de N.-E., ou du courant polaire. Mais, au-dessus de ce courant de S.-O., il existe un autre courant de l'O., probablement le contre-courant du courant de l'E., prédominant dans les Fracto-cumulus. Ce courant de l'O. est uniquement sensible par la précipitation de quelques aiguilles de glace sous la forme de filaments de Cirrus très-ténus et passagers. La direction des Cirrus de S.-O., O. et N.-O. est prédominante jusqu'au delà du 66ᵉ degré, à Qvickjock, dans le nord de la Suède.

Pl. I, fig. 1, queue de chat des marins; *fig.* 2, cheveux bouclés; *fig.* 3, queue de cheval.

Pl. II, fig. 1 et 2, touffes tordues; *fig.* 3, plumage.

Pl. III, fig. 1, Cirro-stratus qui accompagne souvent un ciel de Cirrus; *fig.* 2, pinceaux déliés; flèches indiquant la direction du vent régnant à cette hauteur. Pris à la Havane, le 13 décembre 1858, à 8 heures du matin.

(Voir le Cirro-stratus, chap. II, p. 25-30.)

II. — **Tracto-cirrus**, *Poëy* (*Pl. IV, VII, VIII, X, XIV, et A, B*).

Nuage en bande, Poëy.

Nature et influences concomitantes. — Lamarck [11] s'occupa beaucoup d'une forme de nuage qu'il appela *nuage en barres*. C'est le même nuage que de Humboldt désigna sous le nom de *bandes de Cirrus*, d'après lequel il est aujourd'hui connu.

La théorie de Lamarck sur le nuage en barres mérite d'être soigneusement étudiée, attendu que cette structure est de la plus haute importance au point de vue de nos prévisions. Nous sommes encore dans l'ignorance au sujet de leur nature, de leur direction générale et de leur rapport avec l'ensemble des phénomènes météorologiques. Lamarck dit que les nuages en barres désignent constamment soit l'existence de deux courants d'air perpendiculaires entre eux, soit la résistance d'un courant opposé et contigu, ou d'une couche qui ne cède point au mouvement de celle qui l'avoisine; qu'ils ne sont point en équilibre dans le milieu de l'épaisseur de la couche atmosphérique qui les charrie, mais qu'ils se trouvent dans la limite supérieure ou inférieure de cette couche. Il fait ainsi dépendre la forme rectiligne du nuage de la hauteur à laquelle il se trouve dans l'épaisseur et dans l'étendue du courant d'air. Au centre d'équilibre les forces en action se compensent, et la masse brumeuse n'est point affectée; mais, à la limite supérieure et inférieure du courant qui le charrie, se trouve un second courant ou une résistance quelconque; le premier courant pousse le nuage d'un côté, pendant que le second courant le pousse d'un autre côté. Sous l'action de ces deux forces antagonistes, le nuage s'aligne et s'allonge dans une direction transversale au courant qui l'entraîne. On verra plus loin qu'il croit aussi que le nuage peut s'aligner dans la direction du courant qui le charrie. Il considère avec raison la forme de ce nuage comme un indicateur des courants supérieurs ou de ce qu'il nomme le *point du vent*.

Lamarck s'exprime ainsi : « Enfin je découvris que leur forme allongée, leur arrangement et leur direction tenaient évidemment au vent qui souffle ou qui avait récemment soufflé dans la couche où se trouvent ces mêmes nuages; en sorte qu'en considérant leur direction, je trouvais aussitôt celle du vent qui avait influé sur leur état particulier.

« Ainsi le *point du vent* est ce point de l'horizon qui se trouve au sommet d'un angle ou d'un cône que forment les nuages dans leur arrangement, par suite du vent qui souffle ou qui a récemment soufflé dans la couche atmosphérique où existent ces nuages; alors l'œil de l'observateur se trouve au milieu de l'ouverture de l'angle, ou de la base élargie du cône formé par les nuages. »

Lamarck divise ensuite les nuages en barres en six classes : en barres confluents; en barres isolés; en barres obscurs; en barres clairs; en barres ondulés ou ridés transversalement; en barres partiellement pommelés. Ces caractères ne nous paraissent point assez corrects. S'il fallait définir ce nuage dans ses moindres variations de forme, il faudrait les préciser suivant leur variation de structure et d'après les manifestations concomitantes des variations du temps.

Howard n'a pas bien saisi, comme Lamarck, le caractère distinctif des bandes de Cirrus, qu'il considère comme un simple accident du Cirrus. Nous dirons même que sa description des Cirrus se rapporte plus particulièrement aux bandes de Cirrus, qu'il faut maintenant distinguer des filaments déliés, isolés et plus élevés des Cirrus proprement dits. Voici le passage en entier de Howard, qui démontre avec évidence qu'en croyant décrire le Cirrus il nous dépeint plutôt les bandes de Cirrus. Nous intercalons, comme preuve, la nature du nuage d'après notre classification :

« Ils sont d'abord indiqués par quelques fils crayonnés, pour ainsi dire, sur le ciel. Ces fils augmentent de longueur, et pendant ce temps d'autres viennent s'y ajouter. (C'est le *Cirrus*.) Souvent les premiers fils formés servent comme de tiges d'appui pour supporter de nombreuses ramifications, qui à leur tour donnent naissance à d'autres. (C'est à peine si cette dernière description peut se rapporter aux Cirrus de grande dimension : elle correspondrait plutôt à la naissance des *Tracto-cirrus* ramifiés.)

» L'accroissement est parfois tout à fait indéterminé ; parfois aussi il a une direction bien marquée. Ainsi les quelques premiers fils une fois formés, le reste se propagera dans une ou plusieurs directions, soit latéralement, soit obliquement en haut ou en bas, et la direction est souvent la même pour un grand nombre de nuages, visibles en même temps ; car les touffes qui descendent obliquement semblent converger vers un point de l'horizon, et les longues bandes droites semblent vouloir se rencontrer en des points opposés à celui-ci : ce qui est l'effet d'optique produit par l'extension parallèle. Quand les fibres ou touffes de ce nuage vont en montant, c'est un indice certain de la décomposition de vapeur qui précède la *pluie ;* quand elles vont en descendant, c'est un indice certain d'*évaporation* et de beau temps. Dans les deux cas, ils sont dirigés vers le point d'où l'électricité se dégage à ce moment.

» Leur durée est incertaine, et varie entre quelques minutes après leur première apparition et une période de plusieurs heures. Elle est longue quand ils se montrent seuls et à de grandes hauteurs ; elle est plus courte quand ils se forment plus bas et dans le voisinage d'autres nuages.

» Cette forme, quoique en apparence presque immobile, est cependant en rapport intime avec les diverses modifications de l'atmosphère. Si l'on considère que les nuages de ce genre ont longtemps passé pour pronostiquer le vent, il est extraordinaire que la nature de cette connexion n'ait pas été plus étudiée, car sa connaissance aurait pu fournir des résultats utiles. (Tout ce passage se rapporte exactement au *Tracto-cirrus*.)

» Par un beau temps, avec des brises faibles et variables, le ciel est rarement complétement dégagé de petits groupes de *Cirrus* obliques, qui se lèvent fréquemment sous le vent et qui vont en s'agrandissant dans la direction d'où vient le vent. (C'est le *Cirrus*.) Il faut s'attendre à un temps pluvieux et durable lorsque ce nuage se montre en nappes horizontales, qui disparaissent rapidement et se changent en *Cirro-stratus*. (C'est le *Pallio-cirrus*.)

» Avant les *orages*, ils paraissent plus bas et plus sombres, et habituellement du côté opposé à celui d'où vient l'orage. (C'est le *Cirrus*.) Les grands vents bien établis sont aussi précédés et accompagnés de bandes traversant le ciel dans la direction où ils soufflent. » (C'est encore le *Tracto-cirrus*.)

Howard, ainsi que Th. Forster, Peltier et autres météorologistes, considère les bandes de Cirrus comme des conducteurs entre deux foyers lointains d'électricité de nom contraire qui tendent à se recomposer. En vertu de leur flexibilité, les Cirrus prendraient une forme rectiligne par la condition du plus court chemin d'un foyer à l'autre.

« C'est, dans tous les cas, ajoute Howard, une circonstance digne de recherches que celle de savoir par quel moyen les nuages, dans les saisons orageuses, se disposent en barres parallèles et élevées ayant au moins 60 milles d'étendue, et probablement beaucoup plus, si l'on considère leur élévation qui fait que leurs deux extrémités sont souvent invisibles. »

A son retour d'Amérique, de Humboldt[12] décrivit, sous le nom de *bandes polaires*, « une disposition qu'affectent parfois de petits flocons de nuages très-régulièrement détachés comme par l'action de forces répulsives ; j'avais choisi ce nom, parce que d'ordinaire le point où ces bandes convergeaient en perspective sur le ciel coïncidait d'abord avec le pôle magnétique, en sorte que les lignes parallèles formées par ces flocons suivaient le méridien magnétique du lieu. Ce phénomène énigmatique présentait une autre particularité : le point de convergence paraissait s'élever et s'abaisser tour à tour ; d'autres fois il marchait régulièrement dans une même direction. Ordinairement ces bandes ne se forment entièrement que dans une partie du ciel ; d'abord elles affectent la direction du nord au sud ; puis, à mesure qu'elles marchent, elles changent peu à peu de direction et finissent par prendre celle de l'est à l'ouest. Il ne me paraît pas possible d'expliquer les mouvements de ces zones par des variations qui surviendraient dans les courants des régions supérieures de l'atmosphère. Ces bandes se montrent dans le calme le plus complet, lorsque le ciel est parfaitement pur, et sont bien plus fréquentes sous les tropiques que dans les zones froides ou tempérées. J'ai remarqué ce phénomène sur la chaîne des Andes, presque sous l'équateur, à 4550 mètres d'élévation, ainsi qu'en Asie dans les plaines de Krasnojarski, au sud de Buchtarminsk, et toujours il s'est développé d'une manière si frappante qu'il était impossible de n'y pas voir l'action de forces naturelles très-générales et très-répandues. »

Ainsi de Humboldt considérait ces bandes polaires convergentes comme se disposant dans le sens du méridien magnétique. Il croyait encore à une « liaison entre la lumière polaire et l'apparition de cette espèce de nuages, qui nous montre que la production de la lumière électro-magnétique est une simple phase d'un phénomène *météorologique*. On dirait que le magnétisme terrestre agit sur l'atmosphère en condensant les vapeurs qui s'y trouvent dissoutes. » En décrivant l'évolution de l'aurore polaire, il termine ainsi : « Enfin, il ne reste souvent, de tout ce beau spectacle, qu'un faible nuage blanchâtre, à bords déchiquetés, ou divisé en petits amas comme les *Cirro-cumuli*. » Tienemann, ajoute-t-il, « croyait même que ces nuages pommelés étaient le *substratum* de la lumière polaire, et ses observations d'Islande ont été pleinement confirmées par les observations plus récentes de Franklin et de Richardson au pôle nord américain, et par celle de l'amiral Wrangel sur les côtes sibériennes de la mer Glaciale. » Tous ont affirmé que « la lumière polaire émettait ses plus vifs rayons lorsque les hautes régions de l'air contenaient des amas de *Cirro-strati* assez ténus et assez légers pour faire naître une couronne autour de la Lune. » Quelquefois les nuages se groupent et s'arrangent en plein jour à peu près comme les rayons d'une aurore boréale ; alors ils paraissent troubler l'aiguille aimantée. Après une brillante aurore boréale, on a pu reconnaître, dans la matinée suivante, des traînées de nuages qui avaient paru, pendant la nuit, autant de rayons lumineux. » Plus loin, Humboldt ajoute : « Faut-il en conclure, comme l'affirment Wrangel et l'explorateur des régions septentrionales, Tienemann, que ces nuages sont les substratum de la lumière polaire, ou ne sont-ils pas plutôt, ainsi que je l'ai supposé, d'accord avec le capitaine Franklin et le docteur Richardson, un phénomène météorologique, accompagnant l'orage magnétique et produit par lui ? C'est ce qui n'a point encore été décidé. »

Depuis, plusieurs observateurs ont également signalé de fréquentes apparitions de bandes de Cirrus, des Cirrus arqués ou sous forme de couronnes, accompagnés de perturbations magnétiques ou électriques et d'aurores boréales.

Bravais[43] et les membres de la Commission scientifique du Nord ont fait d'excellentes observations sur les bandes de Cirrus sous le 70° degré de latitude nord à Bossekop, West-

Finmarck. « Les nuages ainsi disposés en bandes parallèles, dit ce savant, peuvent être des Cirrus, des Cirro-stratus ou des Cirro-cumulus. Dans le premier cas, chaque bande est un Cirrus plus ou moins fibreux, dont les fibres sont longitudinales, c'est-à-dire parallèles à la direction générale. Dans le second cas, le nuage arqué est plus complexe : il est ordinairement formé de stries quelquefois longitudinales, mais plus souvent encore transversales. D'autres fois enfin, ces deux genres de stries existent simultanément, de manière à figurer un réseau très-allongé. A l'œil, la partie inférieure du nuage paraît plutôt concave que plane. Dans le troisième cas, plus distinct des deux précédents que ceux-ci ne le sont l'un de l'autre, chaque bande arquée est un assemblage de petits Cirro-cumulus à formes arrondies, plus ou moins séparés l'un de l'autre, parfois à bords connivents et rangés, un ou plusieurs de front, en une longue file rectiligne. »

Cette description est très-bonne. Les stries transversales et longitudinales, dont parle Bravais, ont le plus grand rapport avec celles que nous avons observées à la Havane dans tous les Cirro-stratus. (*Pl. V* et *VI.*) A la rigueur, c'est le caractère essentiel de ce nuage, et non pas la forme de couche qu'on lui attribue à tort. Les formes « arquées et concaves » se rapprochent également du *Tracto-cirro-cumulus* de notre *Pl. VII*, constituant ici des demi-anneaux.

Bravais attribue à l'action du vent l'orientation des bandes de Cirrus perpendiculairement au méridien magnétique, ainsi que leur mouvement dans le sens des filaments. Peltier réfute cette hypothèse et croit que « les Cirrus reconnaissent deux causes électriques coexistantes : l'action attractive de deux masses de vapeur ou de deux corps isolés, possédant des électricités différentes ; les vapeurs interposées et attirées dans le sens longitudinal s'alignant ; mais si leur arrangement est régularisé dans ce sens, il ne l'est pas dans le sens transversal; l'inégale densité des vapeurs dans ce dernier sens permettant une inégale distribution d'électricité, il en résulte des répulsions latérales qui produisent des condensations filamenteuses de vapeurs que l'on nomme *Cirri*. Il peut se faire que l'écoulement électrique dans ces conducteurs intermittents rende quelquefois ces nuages phosphorescents. »

Charles Martins[44] fait observer que « la tendance qu'ont les Cirrus à se disposer suivant des bandes parallèles entre elles est remarquable, et prouve que la cause qui dirige leurs filaments suivant tel azimut plutôt que suivant tel autre, au lieu d'être simplement locale et accidentelle, s'étend à de grandes distances. »

On a encore comparé les bandes et les formes bouclées des Cirrus aux protubérances et aux taches du Soleil. Le P. Secchi[45] ayant observé une aurore boréale en plein jour, le 15 août 1872, mentionne qu'il se forma « un arc de Cirrus légers du N.-N.-O. au N.-E., couronné dans tout son contour de jets filamenteux, très-nombreux et fantastiques. Les formes de ces jets ressemblaient si parfaitement à celles des protubérances solaires, que certains de ces dessins, même pour des personnes très-accoutumées à ces observations, peuvent être pris pour des dessins de protubérances. »

Nous avons déjà dit en 1872[46] que les jets filamenteux d'une étendue considérable et les apparences fantastiques ou en forme de couronne, que l'on observe souvent dans les Cirrus, paraissent accuser la présence de quelque aurore polaire, dont les effets lumineux sont invisibles pendant le jour. L'action électrique peut encore exercer une certaine influence sur la forme rectiligne de ces nuages. Par une étude plus approfondie des différentes structures des Cirrus et parfois des Cirro-cumulus, on sera à même de découvrir un grand nombre d'aurores polaires à toutes les heures de la journée. Dès à présent, ajoutions-

nous, les perturbations électro-magnétiques des lignes télégra-
phiques et des magnétomètres, les taches et les éruptions solaires, ainsi que certaines ondes barométriques signalées par
J.-J. Silbermann[47], seraient toutes des manifestations cosmico-
terrestres, très-intimement liées entre elles, qui nous révéle-
raient la présence de quelque aurore diurne.

L'étude des bandes de Cirrus a conduit les météorologistes,
dans ces dernières années, à de nouveaux rapports et à des découvertes transcendantes. A.-F. Prestel[48] voit dans ces bandes
un moyen plus sûr de prédire les tempêtes. Hildebrand Hildebrandsson dit : « On les a regardées comme signes précurseurs du mauvais temps, et sans doute elles méritent d'être
étudiées à cet égard. »

Mais les recherches les plus remarquables qui ont été faites
sur les Cirrus et les bandes de Cirrus sont celles de Clément Ley[49]
en Angleterre et de Hildebrandsson[50] en Suède. Le premier de
ces savants n'a encore publié qu'une légère indication sur la
direction de ces bandes. Hildebrandsson a étudié leur relation
aux isobares et, d'après 171 observations, il trouve que les
bandes de Cirrus sont dans les régions de maxima de pression,
en général orientées dans une direction à peu près perpendiculaire ou tangente aux isobares ; dans les régions des minima
de pression, elles sont, au contraire, sensiblement parallèles
aux lignes isobarométriques. Se reportant au travail de Prestel,
il ajoute : « Quant à la direction de ces bandes dans les régions
des maxima, ce savant distingué est arrivé au même résultat
que nous. Nous ne regrettons qu'une chose, c'est qu'il n'ait
pas observé en quels sens se meuvent ces nuages. Alors, il aurait sans doute trouvé qu'ils marchent en général *vers le centre
de la plus haute pression*, et non pas dans le sens opposé,
comme il le suppose. »

Cependant Prestel[51] affirme que le courant dans la région
des bandes de Cirrus se dirige du maximum au minimum

barométrique; que, quand ces bandes sont bien formées, le courant supérieur n'a lieu ni d'une manière cyclonique ni anti-cyclonique, et dès lors n'obéit point à la loi de Buy-Ballot.

Orientation des bandes de Cirrus. — Lamarck observe qu'il faut distinguer le courant qui emporte le nuage de celui qui le modifie et le maintient allongé en ligne droite; que les nuages en barre ont toujours leur grand diamètre dans une situation transversale à la direction du courant qui les modifie ou les constitue. Mais il ajoute qu'assez ordinairement le vent qui les charrie est dans une direction perpendiculaire à la longueur de ces nuages. Quelquefois, cependant, ils sont dans la direction du vent qui les charrie, tandis que l'autre courant qui les produit est alors perpendiculaire à cette direction. La-marck n'est pas bien fixé sur l'orientation et sur la direction du mouvement de ces bandes. La même incertitude règne parmi les observations modernes. Nous donnerons à la fin notre explication.

Nous avons dit que de Humboldt observa dans la région équatoriale que les bandes de Cirrus « affectent la direction du nord au sud, puis, à mesure qu'elles marchent, elles changent peu à peu de direction et finissent par prendre celle de l'est à l'ouest. » Howard avait déjà signalé une rotation analogue dans les Cirrus hérissés. « Ces *queues*, dit-il, font quelquefois un demi-tour du compas dans l'espace de quelques heures; et beaucoup d'observations ont confirmé le fait qu'elles mar-quent *la direction d'où le vent arrive*, et sont d'autant plus étendues et basses que le vent sera plus fort. » Nous avons fait la même remarque aux Antilles.

Kaemtz, Bravais et Ch. Martins[32] ont trouvé sur le Faulhorn l'orientation prédominante du S.-O. au N.-E. D'après Bravais et les membres de la Commission du Nord, les bandes de Cir-rus y seraient plus fréquentes que dans les zones tempérées.

L'orientation a lieu suivant tous les rumbs du vent, mais les degrés de fréquence sont très-notablement différents entre eux. Sur 80 cas de bandes de Cirrus, Bravais trouve la distribution suivante.

Du nord au sud...........................	16,5 cas.
Du N.-E. au S.-O........................	26,7 »
De l'est à l'ouest........................	29,3 »
Du S.-E. au N.-O........................	7,5 »

L'orientation E. 30° N. à l'O. 30° S. est celle qui prédomine, le point de culmination des bandes étant situé dans le N. 30° O., ou dans le S. 30° E. C'est, à un quart près, l'orientation des bandes aurorales qu'ils ont fréquemment vues traverser le zénith. Mais Bravais dit qu'on ne peut conclure de ce fait que la cause qui oriente ainsi les bandes de Cirrus est analogue à celle qui oriente les arcs et les bandes de l'aurore perpendiculairement au méridien magnétique, bien que cette coïncidence soit remarquable. « Il n'est même pas rare, ajoute-t-il, que les bandes moyennes et les bandes aurorales coexistent dans le ciel, de manière à rendre impossible une délimitation précise entre les deux ordres de phénomènes, dans une portion plus ou moins étendue de la voûte céleste. »

D'après 25 observations dans lesquelles on a noté simultanément l'orientation des bandes de Cirrus et la marche des nuages, Bravais recherche si cette orientation a quelque rapport avec le vent qui règne à cette hauteur. « Sur 23 observations, dit-il, 14 satisfont à la loi de la coïncidence des directions, et 5 s'en rapprochent beaucoup. L'action du vent supérieur peut se trouver masquée, soit parce que les nuages auront monté ou descendu de leur couche primitive dans une autre couche plus basse, où la direction du vent n'est plus la même, soit par un changement de vent opéré dans la même couche atmosphérique. Il faut observer de plus que le mouvement perpendiculaire aux bandes est bien plus facile à constater que le mouvement dans le sens des bandes, surtout lorsque les bandes sont des Cirrus ou des Cirro-stratus. Si le vent n'est pas exactement parallèle aux bandes, la composante normale produit aussitôt un mouvement appréciable de hausse et de baisse. Enfin, il faut observer que les bandes, celles en Cirro-stratus surtout, s'accroissent souvent par leurs bords, souvent plus sur l'un de ces bords que sur l'autre, et qu'ainsi elles peuvent paraître monter ou descendre dans un sens normal à leur orientation, sans avoir cependant aucun mouvement réel dans ce sens. »

« En résumé, conclut Bravais, quoique nos observations ne soient pas assez nombreuses pour mettre ce résultat complétement hors de doute, je suis extrêmement porté à croire que c'est dans le vent que réside la force directrice des bandes. »

C'est encore notre opinion, avec Lamarck, Howard, Clement Ley, Hildebrandsson et la plupart des observateurs des Cirrus.

W. R. Birt[53] a vu les bandes de Cirrus polarisées, suivant l'expression de Humboldt, près ou dans la direction du méridien magnétique et plus rarement à angle droit. Il trouve ainsi leur mouvement parallèle à leur position, et d'autres fois à angle droit à leur ligne de polarisation. Depuis plusieurs années, dit-il, les Cirrus accompagnent des manifestations électriques de l'atmosphère et dernièrement des aurores boréales. Clément Ley,[54] au contraire, ne voit aucune connexion entre les bandes de Cirrus, le magnétisme et les aurores, ainsi qu'entre ces dernières et les *isobares*. Il donne les rapports suivants entre la position des bandes et la direction des courants supérieurs dans les Cirrus, au nord de l'Europe, à la date du 12 juillet 1875, d'après les cartes synoptiques. De Valence à la côte est de l'Angleterre, il existe un courant régulier et supérieur de N.-O., et les bandes de Cirrus s'étendent du N.-N.-O. au S.-S.-E. En France, le courant supérieur est de l'O. et O.-N.-O., mais il ne connaît point la position des bandes. En Autriche, le courant est de l'O.-S.-O. et les bandes sont de l'O.-S.-O. à l'E.-N.-E. A l'entrée de la mer Baltique le courant se meut de l'O.-S.-O. et en Scandinavie du S.-O., et les bandes s'étendent du S.-O. et du S.-S.-O. au N.-E. et au N.-N.-E. On observe donc une certaine dépendance entre la forme et la position des bandes et la direction des courants supérieurs. Ley trouve d'autres rapports entre la direction de ces courants et la distribution de la pression barométrique et des vents à la surface de la Terre. Mais la direction des Cirrus ordinaires offre successivement des variations propres aux types cycloniques ou anticycloniques. Ce savant termine en disant que celui qui trouverait un véritable rapport entre la *polarisation* des Cirrus et les éléments magnétique et électrique aurait découvert *a skeleton-key* dans la moitié des problèmes de Météorologie, un *Sésame* pour ses trésors les plus enfouis.

Cependant, il paraît exister un rapport intime entre le magnétisme, l'électricité, les aurores polaires, les bandes et les couronnes de Cirrus. Frobesius[55] a émis en 1739 les premières conjectures sur la liaison entre la lumière polaire et la formation des nuages. Il a fallu plus d'un siècle et demi pour en arriver à l'état actuel de la question. Halley[56] déclarait en 1716 que la lumière polaire est un phénomène magnétique, et en 1741 Celsius[57] et Hiorter[58] découvraient les perturbations qu'éprouve l'aiguille aimantée sous l'influence de l'aurore. Aujourd'hui, on y ajoute l'influence électrique. Les aurores polaires seraient alors un phénomène ou plutôt une perturbation terrestre, électro-magnétique, dont la cause première réside dans les perturbations de l'atmosphère solaire. Les Cirrus nous accusent leur présence même en plein jour, et nous révèlent à tout instant la direction des courants supérieurs.

Les bandes de Cirrus se dirigent généralement, à la Havane,

dans la direction parallèle à leur grand axe. Ce fait nous fut nié par le maréchal Vaillant sans aucune preuve à l'appui. Lamarck, Howard, Th. Forster, Bravais, Fournet, etc., firent la même remarque. L'orientation générale de ces bandes est aux Antilles approximativement du S.-S.-O. au N.-N.-E., souvent du S.-O. au N.-E.

Les bandes de Cirrus peuvent décrire dans l'espace une rotation complète et azimutale, quand elles sont entraînées alternativement par deux courants rectangulaires soufflant dans une même couche ou à des altitudes différentes. De là la confusion des observateurs qui les observent dans une de ces circonstances. Tantôt ils les verront filant dans une direction et tantôt dans une autre direction diamétralement opposée. Lorsque la bande file du sud au nord ou *vice versa*, et qu'elle se déplace de l'ouest à l'est ou *vice versa*, ce déplacement indique qu'elle s'est abaissée dans une couche inférieure, où règne un second courant rectangulaire qui l'entraîne dans cette nouvelle direction. Dans le déplacement en sens inverse, la bande s'élève et obéit à un courant supérieur qui la charrie maintenant. Les courants et les nuages situés dans les aires de vent de la région de l'est sont généralement plus bas que ceux des aires de l'ouest, puis ceux des aires du nord sont aussi plus bas que ceux des aires du sud. Si l'on considère une bande filant du sud au nord, elle est plus haute que celle qui file du nord au sud. De même, la bande qui file de l'ouest à l'est est aussi plus haute que celle qui se meut de l'est à l'ouest. D'une manière générale, les courants et les nuages des régions de l'ouest et du sud sont plus hauts que ceux des régions de l'est et du nord. En outre, lorsque la bande de Cirrus ou un nuage s'abaisse, son volume, sa densité et sa vitesse apparente augmentent. Quand le nuage s'élève, l'inverse a lieu. Ces données, observées aux Antilles, peuvent nous servir de précieuses prévisions sur l'état atmosphérique.

Les bandes de Cirrus s'alignent dans la direction du vent régnant à cette hauteur, de sorte qu'elles deviennent de véritables méridiens, dont les pôles se trouvent situés aux deux points extrêmes de convergence. Comme dans les régions supérieures de l'atmosphère les courants se portent des basses aux hautes pressions barométriques, il s'ensuit qu'un des pôles des bandes de Cirrus peut se trouver dans l'aire de basse pression, tandis que l'autre pôle serait dans l'aire de haute pression. La forme et la direction de ces nuages nous fournissent la nature et la position des aires barométriques, ainsi que la direction des courants supérieurs. Quand on pense que ces bandes embrassent une étendue considérable, on conçoit jusqu'à quelle limite il est possible d'étendre le champ de nos prévisions. Toutes les observations signalées dans ce Chapitre et autres démontrent l'intérêt qu'il faut attacher à l'étude des Cirrus, et surtout des bandes de Cirrus. Les premiers essais furent couronnés de la découverte de la direction des courants supérieurs et de la circulation verticale. Des observations plus étendues, simultanées et comparatives, sur tous les points de la Terre, nous conduiront à des résultats importants sur la circulation atmosphérique et la prévision du temps.

Structure et classification. — On sent dès lors la nécessité urgente d'imposer à cette variété de Cirrus une détermination latine, afin qu'elle puisse rentrer dans la classification générale des nuages, au même titre que les autres dérivés. Il nous manque un mot technique, à l'aide duquel ce nuage devra être universellement désigné. Nous proposons donc le nom de *Tracto-cirrus*. Le substantif *Tracto* renferme la double signification de *bande cardée*, et le verbe *Tracto,* celle de *déchirer.* Ces trois caractères distinguent précisément cette variété de Cirrus. Les Tracto-cirrus sont des bandes étendues, ayant parfois l'apparence du coton cardé, et d'autres fois celle de touffes à bords déchiquetés. La structure même du nuage est inhérente à la nature des forces physiques, dissolvantes et perturbatrices, mises en action. Sous l'influence surtout des courants atmosphériques, et peut-être aussi de la force électro-magnétique, ces bandes sont plus ou moins striées, droites, sinueuses, arborescentes ou palmées, parallèles entre elles ou divergentes, affectant la forme d'une arête et d'une colonne vertébrale, d'où partent des rayons latéraux à peu près sem-blables à des vertèbres. Par un effet de perspective, les bandes paraissent converger de leur point de départ à l'horizon vers le point de l'horizon diamétralement opposé, formant des arcs. Ces bandes ne forment pas toujours des zones continues qui embrasseraient toute la voûte du ciel; elles surgissent d'un point plus ou moins élevé au-dessus de l'horizon et s'étendent jusqu'au zénith, où souvent la bande éprouve une solution de continuité, pendant que l'autre extrémité va se perdre à l'hori-zon opposé, formant deux demi-arcs. Fournet[59] se demande si cette lacune n'est pas occupée par des *nuages diaphanes*. Nous l'attribuons à l'extrême degré de froid que nous avons toujours observé dans la région zénithale, relativement aux autres azi-muts. Sous cette basse température et cette extrême sécheresse, la vapeur d'eau se maintient à l'état élastique et se précipite difficilement sous la forme de filaments extrêmement déliés. C'est pour cela que les Cirrus sont plus rares, moins denses et passagers vers la région zénithale.

Le Tracto-cirrus se forme généralement des filaments glacés des Cirrus, mais, d'autres fois, il émane des flocons de neige arrondis des Cirro-cumulus, qui s'alignent à la manière des grains d'un chapelet, ou suivant des axes déterminés. Lorsque le Tracto-cirrus dérive du Cirro-cumulus, il occupe une couche inférieure, et il est plus bas. Sa périphérie peut être alors par-semée de Cirro-stratus qui se forment un peu au-dessus. Lors·que les bandes de Cirrus embrassent toute l'étendue du ciel, elles peuvent se transformer en une couche de Pallio-cirrus en s'abaissant à une altitude inférieure, où leur volume et leur densité augmentent considérablement, comme dans le cas que nous avons observé, à Paris, le 22 juin 1877.

Les bandes de Cirrus sont vulgairement connues dans le Midi sous le nom d'*Arcs de Saint-André*. Bravais et les membres de la Commission scientifique du Nord les désignent du nom trivial, mais significatif, disent-ils, de bandes *en forme des côtes de melon*. On les nomme en Angleterre *Saumon* (Salmon), ou *Arche de Noé;* on les connaît aussi en Suède sous cette dernière désignation.

Les météorologistes anglais font indistinctement usage des termes *Belts*, *Lines*, *Streaks* ou *Polar-bands*. Le nom de *Bandes*, proposé par Humboldt, est encore employé en Allemagne et en France. C'est celui que nous conservons, parce qu'il fixe le caractère fondamental du *Tracto-cirrus;* mais en supprimant le qualificatif de *polaires*, attendu qu'on les observe sous tous les azimuts se mouvant dans toutes les directions. D'autre part, comme il faut spécifier lorsqu'elles procèdent des Cirrus, des Cirro-stratus ou des Cirro-cumulus, on les désignera vulgairement sous le nom de *bandes de Cirrus, bandes de Cirro-stratus* ou *bandes de Cirro-cumulus*, et, scientifiquement, *Tracto-cirrus, Tracto-cirro-stratus* et *Tracto-cirro-cumulus*. Quant aux Cirro-stratus, ils affectent rarement la forme de bandes, et ne font que border les Cirrus et les Cirro-cumulus, lorsque les circonstances atmosphériques s'y prêtent.

Description des Planches. — La *Pl. IV* représente la forme normale du *Tracto-cirrus* arborescent, que nous avons pris à la Havane le 15 octobre 1859, à 9 heures du matin. Cette structure est fréquente aux Antilles, surtout pendant la saison des chaleurs. La *fig.* 1 est le point de départ du nuage; la *fig.* 2, l'extrémité ou le point de progression, formant une masse compacte ressemblant à une boule. On dirait qu'à mesure que le nuage file, les extrémités antérieures condensent

et accumulent une plus grande quantité de vapeur d'eau congelée, à la manière d'une boule de neige qui grossit constamment en roulant sur elle-même. Les deux axes ne sont pas non
plus d'égal diamètre, et l'on remarque des espaces où la condensation est plus ou moins considérable. Les deux bandes, les
seules visibles, et dont l'une est un peu arquée, sont orientées
du nord au sud, et s'étendent depuis l'horizon jusqu'au delà
du zénith.

Nous plaçons également au nombre des *Tractus* les nuages
des *Pl. VII*, *VIII*, *X*, *XIV*, et A, B, observés à l'île de
Cuba, à Mexico et à Paris. Ces nuages présentent six variétés distinctes de bandes de Cirrus, de Cirro-cumulus et de
Cirro-stratus. Si chaque observateur nous fournissait un des-
sin exact des variétés de Tractus qu'il aurait observées, nous
arriverions promptement à la connaissance de la nature et du
rôle de ces bandes remarquables. Nous faisons donc un appel
chaleureux aux explorateurs scientifiques sur tous les points
de la terre. Voici la description de ces nuages dans l'ordre de
la date à laquelle nous les avons observés :

Pl. VII. — *Bandes annulaires* observées à Güines, Cuba,
le 10 janvier 1859, à 10 heures du matin. Ce nuage était
formé de bandes arquées et parallèles entre elles, d'une étendue de 80°, dirigées et cheminant du S.-E. au N.-O., attei-
gnant presque le zénith et laissant à découvert l'azur du
ciel entre chaque bande, qui se touchait sans se confondre.
Le caractère le plus remarquable de ces bandes est qu'elles
étaient formées d'une succession de demi-anneaux parallèles
entre eux, semblables aux anneaux articulés d'une chenille
vue dans une position verticale. La surface convexe de ces
demi-anneaux était bien plus dense que le reste, et leur diamètre se rétrécissait à partir du milieu jusqu'aux extrémités,
terminant en de simples filaments, ainsi que sur les bords
longitudinaux (*fig.* 1 *et* 2). Dans toute l'étendue des anneaux,

l.i plus grande densité correspondait à l'E., et diminuait insensiblement jusqu'au côté opposé de l'O. (*fig*. 3). La rondeur de ces demi-anneaux dépendrait-elle en partie de la forme et de la rotation de l'atmosphère ? ou est-ce un effet de perspective ? Le cirro-cumulus prédominait sur le Cirro-stratus. Ce nuage rentrerait dans les variétés du *Tracto-cirro-cumulus*, où prédominent les stries du Cirro-stratus.

Pl. X. — *Bandes en grappe de groseilles*, observées à Artemisa, Cuba, le 20 mai 1864, dans l'après-midi. Ce nuage offrait l'apparence d'une véritable grappe de groseilles dans laquelle les tiges, avec quelques filaments vers les extrémités, étaient formées de Cirrus et de Cirro-stratus, et les groseilles de Cirro-cumulus. Nous avons assisté au développement de cette forme rare, de la manière suivante : des filaments de Cirrus très-fins apparaissent premièrement (*fig*. 1 et 2); puis ils se stratifient formant des axes très-longs et isolés, entre lesquels les premiers filaments subsistaient encore (*fig*. 4) ; ceux-ci disparaissent après et il se forme en place de petites balles cotonneuses sur le côté extérieur de l'axe uniquement (*fig*. 4); finalement ces balles s'évanouissent à leur tour et il se produit de l'autre côté de l'axe de nouvelles balles en regard des premières, exactement à la même hauteur et de la même dimension. Cependant un seul axe central conservait de chaque côté ses petites balles (*fig*. 5). Le nuage cheminait, comme celui de la *Pl. VII*, dans la direction de l'orientation des axes, mais du S.-O. au N.-E. Le Cirro-cumulus y prédominait sur le Cirro-stratus, inversement aux nuages des *Pl. VII* et *VIII*. C'est une variété du *Tracto-cirro-cumulus*, avec des stries du Cirro-stratus.

Pl. VIII. — *Bandes tubulaires* observées à la Havane, Cuba, le 4 juin 1864, à 8 heures du matin. Nous avons encore assisté au développement de cette forme dans les conditions suivantes : il se produisit premièrement un long tuyau

sinueux, à surface nettement terminée, semblable à un ser-
pent, (*fig.* 5); ce tuyau paraissait être creux, mais non pas
vide, car nous observions à la lunette une agitation intérieure
ressemblant à des globules de vapeur d'eau en mouvement.
Nous n'avons jamais vu signaler cette circonstance remarquable. Le tuyau se déchira en filaments vers une de ses extrémités (*fig.* 4), ensuite dans toute son étendue (*fig.* 2); puis
du côté opposé (*fig.* 1), et successivement les uns après les
autres. Vers le centre, entre la surface déchirée d'un tuyau
(*fig.* 3) et l'autre surface du tuyau suivant (*fig.* 4), il se forma
un Cirro-cumulus, à très-petites balles; pendant que vers les
extrémités on observait entre quelques-uns de ces tuyaux des
filaments plus ou moins serrés ou étendus de Cirro-stratus. Il
apparut ensuite transversalement un Cirro-cumulus plus
considérable (*fig.* 6). Après la déchirure des deux côtés des
tuyaux, il se forma un vrai Cumulus montagneux, à une des
extrémités (*fig.* 7). A mesure que les deux côtés des tubes,
devenaient filamenteux, on ne distinguait aucune agitation
intérieurement, comme si les vésicules aqueuses s'étaient congelées en aiguillettes de Cirrus. Le tuyau, probablement creux
au début, affectait alors l'apparence d'une barre de fer aimantée couverte de limaille (*fig.* 1). Tous ces tuyaux sont
bien plus sinueux que ne l'indique la Planche, et forment
un parallélisme assez marqué. Le nuage cheminait avec une
extrême lenteur du S.-O. au N.-E. Cette métamorphose sur
place dura une heure, et le nuage disparut à vue d'œil dans
les mêmes circonstances atmosphériques que celles où il avait
apparu. Dans ce cas encore, le Cirro-stratus prédomina sur le
Cirro-cumulus, et c'est une variété du *Tracto-cirro-stratus*.

Pl. XIV. — *Bande en barre arrondie*, observée à
Mexico, le 14 mars 1866, à 4ʰ et 45ᵐ du soir. Il s'était
formé à l'O. une véritable barre horizontale de Cirro-
cumulus à surface légèrement arrondie et blanchâtre, (*fig.* 1);

vers le centre, dans toute sa longueur, apparaît un axe étroit et noirâtre, parfaitement parallèle, surmonté aux deux tiers d'une bande plus mince d'une blancheur éclatante. Au-dessus et au-dessous de cette barre le ciel était découvert et d'un bleu pâle. Au bout d'un instant, l'axe de la barre prit une forme légèrement sinueuse, et il se forma des stries vers la partie du sud ; l'axe horizontal disparut, la barre s'arrondit, et prit la forme régulière que l'on observe dans cette Planche ; puis elle s'étendit en largeur et les bords perdirent leur netteté. Cette barre était encadrée de Cumulus orageux (*fig.* 2), d'où partaient de temps en temps des coups de tonnerre sans éclairs. C'est une variété du *Tracto-cirro-cumulus.*

Pl. A.—*Bandes en zigzag,* observées à Paris le 15 juin 1872, à 3 heures du soir. L'état atmosphérique n'a offert aucune variation remarquable. Ces bandes occupaient la région de l'ouest, et étaient orientées du S.-O. au N.-E. C'est une variété du *Tracto-cirro-stratus.*

Pl. B. — *Bandes striées,* observées à Paris le 22 juin 1877, de 6 heures du matin à 2 heures de l'après-midi. Cette série de bandes était orientée du S. au N., mais elles se dirigeaient de l'O. à l'E., perpendiculairement à leur orientation. A 10 heures, elles avaient dépassé le Panthéon et atteignirent l'horizon de l'O. à midi. Dans la basse région de l'atmosphère, des Fracto-cumulus rapides se meuvent du S. au N., à angle droit, avec les Tracto-cirrus et dans la direction du vent de surface. A 2 heures, les bandes de Cirrus sont encore visibles. A 2^h 45 minutes, une forte pluie du sud dure 10 minutes seulement. Le Tracto-cirrus se transforme alors en une couche de Pallio-cirrus. C'est encore une variété du *Tracto-cirro-stratus.*

III. — **Cirro-stratus**, Howard (*Pl. V et VI.*)

Nuage stratifié, Poëy.

Les Cirro-stratus se produisent dans une couche atmosphérique située au-dessous de celle des Cirrus et bien plus chargée de vapeur d'eau. La précipitation des aiguilles de glace est dès lors plus abondante et plus compacte, et le nuage présente à la hauteur où on l'aperçoit un genre de cristallisation, pour ainsi dire *stratifiée*, qui le distingue profondément des Cirrus et des Cirro-cumulus. Leurs filaments sont bien plus petits et plus ramifiés que ceux des Cirrus. C'est pour cela qu'ils ne peuvent s'étendre en longues bandes parallèles comme les Tracto-cirrus, ou en couches horizontales et étendues comme les Cirro-cumulus, qui ne tardent point sous cette dernière structure à se convertir en Palliocirrus. Les Cirro-stratus sont toujours situés *au-dessous* des Cirrus et des Tracto-cirrus, et *au-dessus* des Cirro-cumulus. Leur densité est plus grande que celle des Cirrus, car souvent les rayons du soleil les percent avec difficulté. Leur teinte blanchâtre est plus nette, et devient également rosée au lever et au coucher du soleil. Leur mouvement est un peu plus rapide. Quand ils sont à l'horizon, on ne voit que leur projection verticale, et ils ont l'air d'une longue bande trèsétroite.

Souvent les Cirro-stratus paraissent alterner avec les Cirro-cumulus et occuper le même stratum, dans un seul et même nuage. Howard avait déjà fait cette remarque. Mais c'est une illusion produite par la distance des deux nuages, qui semblent être sous le même stratum. Une étude attentive, d'après nos expériences galvanométriques, nous a prouvé que

les Cirro-stratus ne font que circonscrire sous un plan in-
cliné et plus élevé la périphérie des Cirro-cumulus. En
réalité, les Cirro-stratus sont au-dessus des Cirro-cumulus. Si
le temps tourne à la pluie, les Cirro-stratus disparaissent ou
se transforment en Cirro-cumulus. Si au contraire le temps
tourne au beau, les Cirro-cumulus disparaissent en se transformant partiellement en Cirro-stratus. Howard n'indique
pas le temps qu'il fera lorsque l'une de ces deux formes
subsistera.

Les Cirro-stratus accusent généralement le courant équatorial de S.-O.

Pl. V. — Le 25 mars 1862, à 2 heures du soir, à la
Havane, j'eus l'avantage de surprendre, pour ainsi dire, la
nature sur le fait; j'assistais au développement graduel du
Cirrus, du Cirro-stratus, du Cirro-cumulus et du Pallio-
cirrus, ainsi qu'il suit : le ciel étant parfaitement azuré, j'obser-
vai subitement vers l'E. une petite tache blanchâtre (*fig.* 1) :
c'était la vapeur aqueuse qui passait de l'état élastique ou de
transparence à l'état de vapeur d'eau ou d'opacité. Il se forma
ensuite de petits points de Cirrus (*fig.* 2); ces points prirent
la forme de petites bandes parallèles entre elles, courbées en
demi-arcs, plus larges au centre et diminuant insensiblement
vers les extrémités qui terminaient en pointes (*fig.* 3); les
bandes augmentèrent d'étendue et présentèrent de petits filaments ou stries du côté concave seulement, tandis que le côté
opposé ou convexe offrait une surface nette et tranchée servant
de base aux stries (*fig.* 4); ces bandes s'agrandirent encore
et des stries ou dentelures transversales, sous la forme d'arêtes,
apparurent du côté opposé ou concave, pendant que celles de
la convexité se fondaient et disparaissaient (*fig.* 5); les bandes
et les stries s'arrondissent et se transforment en petites balles
de coton cardé, plus denses au centre, d'où partent de long
filaments courbés dans toutes les directions, offrant l'aspect

d'un hérisson (*fig.* 6) ; finalement, ces balles se transforment en une masse de Cirrus informes, composée moitié de longs filaments au centre, et moitié d'une nappe étendue et compacte vers la circonférence, formant un Pallio-cirrus (*fig.* 7) : le nuage cheminait avec une extrême lenteur du S. au N., et les stries se formaient et étaient orientées vers le S., par conséquent dans une direction opposée à sa progression. A mesure que la vapeur vésiculaire passait de l'état de particules glacées dans le Cirro-stratus à l'état de particules neigeuses dans le Cirro-cumulus, la température s'éleva et atteignit la plus haute élévation dans le Pallio-cirrus ; ce qui prouve, ainsi qu'il a été dit, que ces métamorphoses prenaient naissance sur des couches atmosphériques de plus en plus basses. Nous signalons plus loin les résultats auxquels nous sommes arrivé sur la température des nuages à l'aide de la pile thermo-électrique et du galvanomètre. Lorsque le ciel est d'un bleu pur, s'il survient de la vapeur élastique ou vésiculaire qui le couvre d'un voile plus ou moins épais, l'aiguille oscille du froid au chaud ; mais si, un instant après, cette vapeur donne naissance à un Cirrus léger et transparent, l'aiguille retourne au froid. L'estimation des variations de température que les nuages éprouvent, d'après la hauteur des couches atmosphériques et leur constitution, est parfaitement appréciable comme il suit : les Cumulus d'été sont les plus chauds ; ensuite les Fracto-cumulus, excepté lorsqu'ils apparaissent après une pluie d'orage, qu'ils sont blanchâtres, très-bas, rapides et à bords déchirés : alors ils participent de la basse température répandue dans l'atmosphère, et ils peuvent être tout aussi froids que les Cirrus. Les Cirro-cumulus sont ensuite plus froids que les Cumulus, et enfin les Cirrus sont les nuages les plus froids.

Pl. VI. — *Fig.* 1, première formation du Cirro-stratus ; *fig.* 2, type parfait pris à la Havane le 10 octobre 1858. Tous les filaments ou stries sont horizontaux et prennent naissance

uniquement vers la surface concave des bandes sinueuses;
l'autre surface convexe en est dépourvue.

(Voir sur le Cirro-stratus, chap. II, p. 25-3o.)

IV. — **Cirro-cumulus**, Howard. (*Pl. IX.*)

Nuage pommelé, Poëy.

Lorsque les Cirro-stratus s'abaissent un peu, ou que la température de la région qu'ils occupent s'élève légèrement,
les aiguilles de glace se réduisent en flocons de neige et
donnent naissance aux Cirro-cumulus. D'abord les axes des
stries s'arrondissent par degrés, jusqu'à ce qu'il se forme de
petites mottes ou balles de coton cardé, qui finissent par cou-
vrir entièrement le ciel. Les Romains connaissaient ce nuage
sous le nom de *Vellera lanæ*. C'est le ciel *moutonneux* ou
pommelé de la France, le ciel *empedrado* ou *aborregado* de
l'Espagne, le ciel *Mackerel* de l'Angleterre, le *Schäfchen* et le
Lämmer-Gewölk de l'Allemagne du Nord et du Sud. Si, au
contraire, les Cirro-cumulus s'élèvent un peu, ou si la température s'abaisse, ils reviennent au type supérieur des Cirro-
stratus. Les petites mottes neigeuses se congèlent et se cristal-
lisent de nouveau en aiguilles.

Les *Cirro-cumulus* sont plus denses et plus bas que les *Cirro-stratus* dont ils dérivent, bien que généralement les bords
des petites agglomérations ou de la masse entière du nuage se
transformént en *Cirro-stratus*, toutes les fois que, par suite
d'une plus grande élévation ou d'une plus basse température,
la congélation est plus forte. Leur mouvement est aussi plus
rapide; leur couleur est d'un blanc mat ou cendré au centre des
grandes meules, et ils prennent une teinte rosée, qui devient
rougeâtre lorsque la densité du nuage augmente.

Les *Cirro-stratus*, mais plus spécialement les *Cirro-cumu-lus*, sont remarquables en raison d'une caractéristique de la plus haute importance, au point de vue de la distribution de la vapeur élastique, aqueuse ou congelée, caractéristique qui a échappé à la sagacité de Howard et de ses successeurs. Elle consiste dans les combinaisons les plus bizarres, reproduisant toutes les formations hydrologiques et physiques des continents et des mers (voir *Pl. IX, fig.* 2 et 3). Ici, une baie profonde avec promontoires, caps, presqu'îles, isthmes, etc. ; là, un fleuve, des ruisseaux, des lacs, etc. ; plus loin, de vastes continents et des mers ouvertes. La masse et les contours de ces formes accidentelles sont parsemés de *Cirro-cumulus*, quelquefois bordés de *Cirro-stratus ;* on voit le volume des petites balles diminuer et disparaître du centre à la circonférence, en laissant apercevoir, dans les espaces vides, le pur azur des cieux. Si c'est un lac, l'eau est représentée par le ciel bleu, et la terre ferme par les *Cirro-cumulus* qui l'entourent. En étudiant avec soin ces transformations, on y remarque la plus grande analogie avec les phénomènes de la précipitation et de la congélation de la rosée sur les corps et suivant leur nature. Pour que la congélation de la vapeur aqueuse puisse se produire d'une façon aussi variable, il faut qu'il y ait à ces altitudes, dans une même couche et dans des couches superposées, des portions de l'atmosphère jouissant de différents degrés de densité, de température, d'humidité, etc. Ossian et Gœthe, qui se sont inspirés des Cumulus, auraient trouvé plus d'un sujet d'admiration dans les combinaisons capricieuses dues à la fraternité des Cirro-cumulus et des Cirro-stratus, aux mille couleurs flamboyantes, observées à Mexico.

L'influence des *Cirro-cumulus* sur l'abaissement de la température à la surface du sol est tellement considérable que le corps humain la ressent. Un ciel pommelé à la pleine lune, par une nuit calme des tropiques, est un ciel relativement glacial pour ces latitudes. Cet effet provient de la plus grande proximité et de la quantité considérable de cristaux de neige qui constituent cette structure de nuage, et qui rayonnent le froid pendant la nuit et la chaleur solaire pendant le jour. Les *Cirrus* sont trop hauts et les *Cirro-stratus* ne sont pas assez développés, bien que formés tous deux de particules de glace, pour exercer cette influence sur la température terrestre.

Les grandes meules ou balles de coton des Cirro-cumulus augmentent en densité de la périphérie vers le centre. En observant le passage de ces balles sur Sirius, Jupiter et Vénus, on voit ces astres disparaître à l'approche du centre et reparaître vers la périphérie. Les bords du disque de la Lune disparaissent également au centre de la nuelle.

Howard dit : « Le *Cirro-cumulus* est formé d'un *Cirrus*, ou d'un certain nombre de petits *Cirri* séparés, dont les fibres se tassent, pour ainsi dire, et deviennent de petites masses arrondies, dans lesquelles on ne peut plus reconnaître la contexture du *Cirrus*, bien qu'elles conservent encore un peu de leur arrangement les unes par rapport aux autres. Ce changement a lieu dans toute la masse à la fois, ou progressivement d'une extrémité à l'autre. Dans les deux cas, le même effet se produit en même temps et dans le même ordre sur un certain nombre de *Cirrus* adjacents, et il paraît, en certains cas, accéléré par l'approche d'autres nuages.

» Ce genre de nuages forme un très-beau ciel, montrant quelquefois de nombreuses couches distinctes de ces petits nuages réunis, flottant à différentes hauteurs.

» On voit fréquemment les *Cirro-cumulus* en *été*, et ils accompagnent un temps sec et chaud. On les voit aussi accidentellement et en moins grand nombre dans les intervalles des averses en *hiver*. Ils peuvent soit s'évaporer, soit se transformer en *Cirrus* ou en *Cirro-stratus*. »

Pl. IX. — Prise à la Havane le 10 octobre 1858 : *fig.* 1, type normal ; *fig.* 2 et 3, forme anormale et hydrographique. Il y avait trois échancrures, diminuant en étendue de la première à la troisième.

(Voir le Cirro-stratus, chap. II, p. 25-3o.)

Pallium, Poëy.

Nuages en couches, Poëy.

Sous le nom générique de *Pallium*, nous avons déterminé, en 1863, deux formes de nuages qui présentent l'apparence d'un manteau ou d'un voile d'une étendue considérable, d'une contexture très-serrée, aux bords bien tranchés, d'une marche excessivement lente, et qui embrasse au delà de la voûte visible du ciel. Selon que le *Pallium* est formé de *Cirrus* ou de *Cumulus*, il se distingue en *Pallio-cirrus* ou en *Pallio-cumulus*. L'apparition de ces couches annonce le mauvais temps, leur disparition le beau temps.

La couche du *Pallio-cirrus* apparaît la première, et quelques heures ou quelques jours après, celle du *Pallio-cumulus* se forme en dessous. Ces deux couches restent en vue à une certaine distance l'une de l'autre ; leur action et leur réaction réciproques produisent les orages et les fortes pluies, accompagnées de décharges électriques. Elles sont électrisées en sens contraire : la couche supérieure de *Cirrus* est négative, et l'inférieure de *Cumulus* est positive comme la pluie qu'elle déverse, tandis que l'électricité de l'air à la surface du sol est négative. Quand ces deux couches s'attirent, une décharge se produit, et la couche inférieure continue à déverser son surplus d'eau sans donner aucun signe d'électricité, pas plus que l'air en contact avec la terre. Cet état se prolonge jusqu'à ce que la couche supérieure se déchire la première, ensuite la couche inférieure, puis elles disparaissent l'une après l'autre, et le beau temps revient.

Mais l'état électrique des nuages orageux est trop variable et les expériences sont trop limitées pour que nous puissions établir une règle fixe.

Quand les *Pallium* se sont constitués, s'ils s'élèvent ils persistent plus longtemps; s'ils s'abaissent ils durent moins. Après l'orage et la pluie, s'ils s'abaissent ils ne tardent point à disparaître, mais s'ils restent à la même altitude ou s'élèvent encore, le mauvais temps continue. Si le *Pallio-cumulus* ne disparaît pas entièrement et si le *Pallio-cirrus*, en se fragmentant, reprend sa forme primitive de *Cirro-cumulus*, c'est un signe presque certain que le temps n'est pas encore rétabli, ainsi qu'on peut s'en assurer d'après la hauteur barométrique, la direction du vent, l'état hygrométrique, etc. Si au contraire le temps doit se rétablir, les *Pallium* se réduisent sur place ou se portent vers d'autres régions lointaines. Il y a généralement des fragments du *Pallio-cumulus* ou *Fracto-cumulus* qui s'amassent à l'horizon sous la forme de *Cumulus*, ou s'incorporent à ceux qui s'y trouvent déjà. Ainsi, la seule indication de l'élévation ou de l'abaissement des *Pallium* ou de ces deux couches de nuages nous présage la persistance du mauvais temps ou le rétablissement du beau temps.

Le *Pallium* prédomine surtout pendant la saison des pluies dans les régions intertropicales, et pendant l'été et l'hiver sous les hautes latitudes, au moment des orages et des neiges.

Ces deux couches de nuages donnent naissance incontestablement aux orages électriques, aux pluies continues, à la chute de la neige, de la grêle, de la foudre, etc. Voici d'autres faits à l'appui observés dans deux ascensions en ballon : l'une par Testu,[80] le 18 juin 1786, à Paris, et l'autre par John Wise,[1] le 3 juin 1852, à Portsmouth, Ohio (Etats-Unis). Testu se trouva plongé dans deux nuages, dont le supérieur, froid et neigeux, fit descendre son thermomètre à 5 degrés, tandis que dans le nuage inférieur il ressentit une impression de pluie et un froid moins intense. Pendant plus de 3 heures il éprouva un mouvement continuel d'ascension et d'abaissement provenant d'une attraction et d'une répulsion électrique entre les deux nuages. En descendant dans le nuage inférieur de pluie, il aperçut à l'extrémité d'une pointe, placée sur la gondole, une aigrette lumineuse, et un point lumineux lorsqu'il était enlevé dans le nuage de neige supérieur. Wise affirme que les orages électriques sont formés de *deux couches*, dont la couche supérieure décharge sur la couche inférieure tout son contenu : pluie, grêle, neige, éclairs, etc. Le tonnerre et la foudre se produiraient au contraire de bas en haut. Ces deux couches, dont la supérieure est plus froide que l'inférieure, se trouvaient à une distance de 2 000 pieds anglais.

V. — **Pallio-cirrus**, Poëy. (*Pl. XI.*)

Couche neigeuse, Poëy.

Le *Pallio-cirrus* se forme sur place par l'accumulation des Cirro-cumulus qui s'abaissent visiblement, ou il apparaît déjà formé vers un point de l'horizon dans la couche correspondant à ce dernier nuage. Dans le premier cas, le Pallio-Cirrus est un peu plus bas, plus dense, moins serré, plus rapide, grisâtre, et offre souvent quelques traces de polarisation. Dans le second cas, il est un peu plus haut, moins dense, plus serré, moins rapide, d'un blanc de perle, impénétrable aux rayons solaires et sans trace de polarisation. Dans les deux cas, ils apparaissent généralement vers l'horizon du S.-O., accusant la présence du courant *équatorial* supérieur, et déterminent la chute de la pluie tant qu'ils demeurent au-dessus et en regard du Pallio-cumulus. Après que le *Cirro-cumulus* s'est transformé en *Pallio-cirrus*, ce dernier nuage peut s'élever au-dessus de la trame occupée par le premier nuage. L'évolution du *Cirro-cumulus* en *Pallio-cirrus* se fait ainsi : les mottes cotonnées du ciel pommelé s'agrandissent, se rapprochent, se réunissent par degrés et ne forment plus qu'une couche uniforme et compacte. Quand le *Pallio-cirrus* apparaît déjà constitué à l'horizon généralement du S.-O., il s'avance très-lentement, envahit tout le ciel et disparaît à l'horizon opposé avec la même lenteur. Nous avons déjà dit que le Pallio-cirrus peut également émaner de l'accumulation et de l'abaissement des bandes de Cirrus ou Tracto-cirrus. Aussitôt qu'une brèche s'ouvre dans la couche du Pallio-cumulus, on aperçoit la couche du Pallio-cirrus déjà fragmentée, plus rarement la couche inférieure se déchire avant la couche supérieure. Souvent, après la rupture du Pallio-cumulus, le Pallio-cirrus se transforme de nouveau en Cirro-cumulus parsemés et généralement bordés de Cirro-stratus, par son élévation dans une couche moins dense et moins chargée de vapeur d'eau ; mais, s'il reste à la même hauteur ou s'il s'élève encore plus haut, il disparaît généralement à l'horizon du N.-E. A l'approche du Pallio-cirrus, on observe les manifestations météorologiques suivantes : le baromètre baisse, le thermomètre monte, l'humidité relative augmente, la tension de la vapeur diminue, et le vent de terre se fait sentir de cette direction peu de temps après.

Voici un exemple d'un Pallio-cirrus que nous avons observé à la Havane : le 18 mars 1862, à 10 heures du matin, le bord antérieur d'un *Pallio-cirrus* commença à envahir l'horizon S.-O. Ce manteau couvrit par degrés toute l'étendue du ciel, sauf une partie du premier et du quatrième cadran, et disparut complétement à 8 heures du soir vers le S.-E., où son bord postérieur se perdit; il avait donc mis dix heures à traverser notre horizon apparent. Pendant ce temps il y avait encore un courant supérieur et rectangulaire au premier, rendu sensible par la résistance qu'il opposait à la marche du Pallio-cirrus vers la région du N. et surtout par l'apparition, entre 5 heures et 6 heures du matin, de quelques fragments très-rapides de Cirrus du N.-O. Ces fragments reparurent à midi, mais au-dessous du Pallio-cirrus, et paraissaient être d'égale force que le courant du Pallio-cirrus; celui-ci demeura stationnaire jusqu'à 4 heures du soir, où le premier l'emporta sur ce dernier, de telle sorte que le Pallio-cirrus fut refoulé vers le zénith à 6 heures et disparut à 8 heures à l'horizon du S.-E., ayant une inclinaison de l'O.-S.-O. au N.-E. L'apparition des Cirrus du N.-O. à midi devança de trois heures l'heure de la marée minimum du baromètre, qui fut de 763^{mm},10, phénomène qui coïncida à la fois avec le maximum du vent qui parcourait à cette heure 7^{m},48 par seconde, ayant oscillé toute la journée du S.-E. au S. La lumière réfléchie par ce Pallio-cirrus remarquable n'offrit aucune trace de polarisation.

L'obscurcissement du soleil et la nébulosité du ciel, que Caldas[62] observa à Bogota à partir du 11 décembre 1808, également visible dans une grande partie de la Nouvelle-Grenade, n'était probablement qu'un immense Pallio-cirrus qui persista pendant plusieurs jours. Nous avons la conviction que l'on a souvent confondu cette couche de nuages avec les brouillards *secs* dont nous parlent les anciennes chroniques.

Le Pallio-cirrus est à Mexico bien moins caractérisé, plus diaphane, pas si considérable en étendue qu'à la Havane. C'est à peine si nous l'avons observé à San-Francisco, Californie, pendant les mois d'août à octobre 1870.

Pl. XI. — D'après plusieurs dessins pris à la Havane depuis 1858. Il se forme premièrement de petites mottes de

Cirro-cumulus qui augmentent graduellement de dimensions
(*fig.* 2); elles s'unissent deux ou trois ensemble, puis en plus
grand nombre (*fig.* 1), jusqu'à ce qu'elles forment une couche
épaisse et uniforme ou un Pallio-cirrus (*fig.* 3). Plus cette
couche est compacte et dense, plus le nuage prend une teinte
cendrée ou grisâtre (*fig.* 3), et plus la pluie se prolonge; le soleil paraît terne ou devient invisible. (Cas du 18 mars 1862.)

VI. — **Globo-cirrus**, Poëy. (*Pl. XVII.*)

Nuage globulaire neigeux, Poëy.

Histoire de ce nuage signalé par Lamarck. — Nous
avions observé pour la première fois en 1870, aux Etats-Unis,
et dans deux localités différentes, le nuage que nous allons décrire. Nous le considérions d'une forme nouvelle, par la raison
que nous ne l'avions pas trouvé dans Lamarck, Howard et
autres spécialistes en renom. Nous publiâmes, en 1871, une
courte description dans *Nature*, de Londres, avec un croquis[63].
Dans le numéro suivant, Robert H. Scott[64], directeur du Bureau
météorologique de Londres, observa que notre forme de nuage
ressemblait beaucoup à celle décrite par le Dr Mitchel[65] en
1863 et par le Rév. C. Clouston[66] en 1867. Dans la séance du
21 février 1872, M. Scott fournit à la Société météorologique
de Londres de plus amples détails[67]. La réclamation de ce savant fut suivie d'une autre signée J., probablement W.-S. Jevons[68], dans laquelle l'auteur affirmait que ce nuage n'était ni
nouveau, ni rare. D'autres communications furent faites à la
Société météorologique de Londres, ainsi qu'au *Monthly Meteorological Magazine* de Symons. Notre Note eut au moins
l'avantage de réveiller l'attention des météorologistes sur la
structure remarquable de ce nuage. Les météorologistes anglais

réclamèrent alors en faveur du Rév. Dr Clouston l'honneur d'avoir observé le premier ce nuage en 1822 et de l'avoir fait connaître, en 1867, dans son ouvrage. Nous n'avons pas le temps d'entreprendre des recherches rétrospectives, mais nous avons trouvé depuis dans l'*Annuaire météorologique* de Lamarck pour l'an XIII (1804), la description d'un nuage qu'il nomme *boursouflé*, et dont les caractères ont le plus grand rapport avec le *Pocky* de Clouston. Voici les paroles de Lamarck : « Les nuages *boursouflés* sont en général ovales ou elliptiques, quelquefois presque arrondis, épais sans être denses, renflés et comme boursouflés, sans groupement réel et sans aplatissement remarquable en dessous. Ils sont ordinairement fort bas, plus ou moins terminés en leurs bords, la plupart isolés et bien séparés les uns des autres. Ils n'indiquent point l'existence d'un ciel serein, mais le plus souvent ils annoncent un mauvais temps prochain, et même quelques-uns deviennent un peu pluvieux. Ces nuages sont assez communs dans le courant de l'année, et particulièrement lorsqu'il fait du vent. Il ne faut pas les confondre avec les *nuages attroupés*, qui sont toujours moins gros, fort nombreux, et assez régulièrement espacés entre eux.[60] »

Comme on voit, ce nuage ovale, elliptique, arrondi, renflé et séparé, que Lamarck distingue de son nuage attroupé (*Fractocumulus*), annonçant le mauvais temps, le vent et la pluie, se rapproche énormément du *Poc* ou de l'enflure ou du sac ou du feston du nuage tempêtueux des Orcades et de l'Angleterre, dont nous allons donner les caractères.

Il est évident que ce nuage est bien plus rare, quoi qu'en dise Lamarck, que toutes les formes visibles à toutes les heures. Seulement, il peut se faire que dans certaines localités, telles que les Orcades, il soit bien plus fréquent qu'ailleurs. La preuve est que des observateurs l'ont cru nouveau, lorsqu'ils l'ont observé une première et unique fois, ou à de longs intervalles d'années. G.-S. Symons[70], par exemple, dit avoir observé un nuage le 5 juin 1858 à Londres, d'une forme entièrement nouvelle pour lui, aussi bien que pour les grandes autorités en fait de nuages, telle que l'est celle de Luke Howard. « Dix ans s'écoulèrent, ajoute-t-il, et bien que nous ayons souvent questionné des observateurs et maintenu une surveillance rigoureuse, nous ne revîmes ni n'entendîmes dire que d'autres aient observé ces sacs de sable », auxquels il les compare. Mais lorsqu'il reçut en 1867 l'ouvrage du Dr Clouston, quelle fut sa joie, s'écrie-t-il, en voyant *sa connaissance* (our acquaintance) de juin 1858, figurée et décrite par l'auteur, et qu'il venait de revoir, dix ans après, le 21 juin 1868, toujours à Londres. Cette fois-ci, le nuage ne s'était pas complétement développé, et, à notre avis, il s'arrêta à la phase naissante du nuage appelé *Roll-cumulus* dans les instructions du Bureau météorologique de Londres. Symons signale deux autres cas, communiqués par H. Masters White, qui furent observés en 1868, à Bognor et à Worthing. Le premier affectait une forme *spirale* et le second *pyramidale*. Ces trois cas ne présentent point un développement complet.

Cas observés en rapport avec les tempêtes. — Le nuage qui nous occupe est très-connu et très-redouté, dans les îles Orcades, en Ecosse, où on l'a baptisé du nom équivoque de *Poçky;* expression également appliquée aux affections pustuleuses. Nous donnons plus loin la vraie étymologie de ce mot. La plupart des observateurs affirment qu'il est presque toujours suivi de tempête. Cette assertion mériterait un examen sérieux, mais n'ayant pas avec nous notre riche bibliothèque météorologique, nous ne pouvons nous livrer de nouveau à des recherches rétrospectives. Cependant, nous avons retiré des publications modernes vingt cas d'observation du nuage Pocky, que nous résumons dans le tableau suivant :

PRÉCÉDÉ DE TEMPÊTES.

Autorités.	Années.	Cas.
Harding[71]	1872	1

ACCOMPAGNÉ DE TEMPÊTES.

Clark[72]	1869	1
Poëy[73]	1870 (d'orages électriques).	2
		3

SUIVI DE TEMPÊTES.

Abercrombie[74]	1866	2
Ballingall[75]	1868	1
Clouston[76] (1 sans date), 1822, 1864, 1871 (2 cas).		5
Glyde[77]	1872	1
Symons[78]	1858, 1868 (d'orages électriques).	2
White[79]	1868	2
		13

SANS TEMPÊTES.

Pratt[80]	1863	1
Tucker[81]	1874	1
Gledhill[82]	1875	1
		3

Ainsi, sur *vingt* observations du nuage, dans dix-sept cas il y eut des tempêtes, dont quatre cas furent des orages électriques accompagnés de forts coups de vent. Dans treize cas, l'apparition du nuage fut suivie de tempête, et dans trois seulement il n'y eut ni tempête ni orage. John W. Moore[83] dit encore que ce nuage est accompagné de tempête. On voit donc que les tempêtes paraissent émaner de la structure particulière de ce nuage, qui les précède ou du moins les présage. Mais il faut tenir compte qu'un bon nombre d'observateurs qualifient de tempête, en anglais *Storm*, de simples orages électriques avec lesquels le Pocky aurait plus de rapports. Les deux cas que nous avons observés furent accompagnés de manifestations électriques, c'est-à-dire d'orage ou de *Thunderstorms*.

Le temps écoulé entre la première apparition du nuage et celle de la tempête a été depuis quelques minutes jusqu'à trente-six heures au maximum. Voici les circonstances qui accompagnent ce nuage, d'après les observateurs :

Le cas que le Dr Clouston observa le 5 mars 1822, à Stromness-Manse, fut immédiatement suivi d'une tempête. Le baromètre baissa de 1,2 pouce, de 29,5 à 28,3, en neuf heures. Dans celui du 5 août 1871, à Shanghai, il y eut quinze heures après une violente tempête qui dura six jours, avec accompagnement de typhon sur la côte à 200 milles. Presque au moment où il vit le cas du 7 novembre 1871, dans la Méditerranée, une forte brise se prolongea pendant douze heures. Enfin, lorsqu'il observa le Pocky, le 10 mars 1864, près de Stromness, la tempête ne se fit sentir que vingt-six heures après.

Le premier cas observé par Symons se présenta le 5 juin 1858 à 5^h30^m du soir et l'apparition du nuage fut suivie à 5^h55^m du plus violent orage électrique de l'année. Le second cas du 21 juin 1868, à 8^h45^m du soir, fut suivi des plus fortes pluies du mois, de coups de vent et de grandes marées. Ces deux cas du nuage Pocky furent observés à Londres et dans les environs.

Ralph Abercrombie observa deux fois ce nuage, en automne 1866, dans l'ouest de l'Ecosse, et il fut chaque fois suivi d'une tempête.

R. Ballingall l'aperçut à Eallabus, Islay, la veille du grand ouragan qui sévit sur l'Ecosse le 24 janvier 1868.

Latimer Clark le vit entre Jask et Bushire, dans le golfe de Perse, le 2 novembre 1869, à 3 heures du matin : il fut précédé la veille d'une tempête, et accompagné le même jour d'une seconde tempête. Le baromètre monta pendant le cours de l'ouragan et baissa à son niveau ordinaire lorsqu'il fut passé. Ce n'est pas la première fois que l'on observe cette allure barométrique.

Le cas rapporté par Glyde, le 23 janvier 1872, fut le lende-

main suivi d'une tempête et d'une très-forte dépression barométrique, qui s'étendit sur toute l'Angleterre. D'après William
Marriott, cette dépression n'a été surpassée que dans les années
1791, 1814, 1821 et 1843.

J. S. Harding le vit au Havre le 27 juillet 1872. Ici il aurait
été précédé d'une tempête électrique et de fortes pluies. L'observateur ajoute « qu'il semble digne de remarque que la tempête
ait *précédé* le nuage (le Pocky) dans cette circonstance ». Mais,
d'après sa description, il n'aurait observé que le commencement
et la fin, car c'est à 6^h30^m du soir, lorsque la tempête avait
complétement cessé, qu'il aperçut immédiatement le nuage,
au moment où il sortait de chez lui. Il reste à savoir si l'observateur a suivi constamment l'état du ciel, lorsqu'il se couvrit
de nuages de 4 à 5 heures et lorsque la tempête éclata de 5 à
6 heures. Nous avons déjà vu dans le cas de Clark que le nuage
avait été précédé et suivi de deux tempêtes, bien que le Pocky
se rapporte à la seconde.

Dans le cas du 7 mai 1874 dont parle E. Tucker, il n'y eut
qu'un peu de pluie et quelques coups de tonnerre sourds.

Le dernier cas, à notre connaissance, est rapporté par Joseph
Gledhill, à la date du 27 janvier 1875, sans désignation du lieu.
Il ne l'avait jamais observé, et il ne signale aucune perturba-
tion.

Dans sa lettre à Scott, J.-W. Moore dit qu'il a depuis longtemps observé ce nuage, qui se présente dans les orages électriques. Pendant les cyclones, au moment où le vent change de
direction, la couche de Cirro-stratus (*) affecte fréquemment
cette forme.

H.-F. Burder [84] et son frère, qui observent ce nuage depuis
leur enfance, remarquent qu'il ne se présente jamais avec intensité que dans les environs d'un orage électrique.

(*) Lisez la couche de Pallio-cirrus.

Le D. Clouston observe : « Il est remarquable que dans ces trois occasions (qu'il cite) la tempête ait fait explosion, ou ait tourné dans une direction presque exactement opposée à celle que suivait le nuage festonné. Il est difficile, dans d'autres cas, d'expliquer pourquoi une constitution particulière du temps est accompagnée d'une forme spéciale de nuage, et il serait prématuré de le tenter dans ce cas-ci, jusqu'à ce que des observations aient été faites dans ce but. Aussi, pour le moment, je provoque plutôt que je n'offre une explication ; mais je dois dire que le nuage Cumulus étant le précurseur du mauvais temps, cette forme particulière est dès lors toujours le précurseur d'une tempête. »

Sa structure. Hypothèses sur ce nuage. — Le Dr Clouston[85] ne trouve aucune explication satisfaisante au nuage Pocky, mais il donne un rapprochement tiré de l'expérience suivante de Sir John Herschell. Ce savant verse dans un grand récipient en verre des fluides de différentes densités, qui ne se mélangent point et conservent leurs couleurs respectives. Un mouvement imprimé à la masse disparaît promptement à la surface des fluides supérieurs, mais il agite pendant longtemps les couches inférieures et plus denses.

« Ce nuage, ajoute Clouston, peut être produit par des masses d'air humide et descendantes, qui se forcent un passage à travers un autre air plus sec et plus froid ; car sa forme fait surgir l'idée d'un air se diffusant soi-même vers le bas, de même que la forme du Cumulus, ou la vapeur d'une locomotive, représente la diffusion de l'air vers le haut. Si cela est ainsi, il montre le courant équatorial et humide sous une plus grande intensité que d'ordinaire, ainsi qu'un mélange inusité et rapide de courants d'air, différant en température et en humidité, — les vraies conditions d'une tempête. »

De 1857 à 1858 W.-S. Jevons[86] publia ses expériences sur la reproduction en miniature des principales formes de nuages.

Il expérimentait avec des solutions de sucre, d'acide hydro-chlorique (muriatique), de nitrate d'argent, etc., sous différentes températures et densités. Il observa que le courant qui descendait de la couche supérieure vers l'inférieure se terminait souvent en une petite bosse ou pommeau (*Knobs*), une goutte (*Drops*), ou en rouleau (Scrolls) d'une forme particulière et intéressante : « Mais il est remarquable, ajoute-t-il, que l'on voie souvent de semblables apparences sur la surface inférieure des Cirro-stratus denses, particulièrement en avant et en arrière des nuages orageux (*Thunder-cloud*). Quelquefois ces portions de nuage suspendues en petites gouttes (*Droplets*) semblent venir en contact avec de l'air sec, lorsque leur forme bien nette est détruite, dont il ne reste plus qu'une apparence fibreuse ou fourrée. Ils paraissaient être véritablement des portions de nuages *abaissés*.

Ainsi Clouston et Jevons concordent dans l'opinion que le Pocky nuage dérive du contact de deux couches d'air de différente saturation hygrométrique. Nous sommes complétement de cet avis. Nous avions été tellement frappé du nuage à masses liquides tombantes, que nous avions comparé ces masses, dans notre lettre à *Nature*, à des *stalactites*, prêtes à se détacher et à se résoudre en fortes pluies au premier coup de vent ou courant électrique. Ces milliers de gouttes représentent collectivement la goutte d'eau unique, adhérant au plafond des grottes et qui s'en détache, lorsque, par l'accroissement du volume et du poids, la pesanteur la précipite. Le contact du doigt ou d'un obstacle quelconque fait également tomber la goutte avant qu'elle soit arrivée à son développement. Il en est de même du nuage festonné et globulaire, qui paraît provenir de l'abaissement de portions d'air lourdement chargées de vésicules aqueuses.

Nous avions vaguement parlé d'électricité dans la phrase suivante : « On aurait dit des boules de neige roulées sur elles-mêmes, sous l'impulsion des courants électriques développés pendant l'orage, lequel fut accompagné d'éclairs et de tonnerre à Washington et d'éclairs seulement à Beloit. » John W. Moore fait directement intervenir l'action électrique : « Je crois, dit-il, que deux éléments sont nécessaires à la production de ces phénomènes : 1° une rapide condensation de la vapeur, et 2° une grande tension électrique ». Scott « ne voit pas comment l'électricité pourrait produire une telle modification dans la forme d'un nuage, tandis que nous savons par expérience que cette apparence peut être reproduite en mélangeant par degrés deux fluides d'une gravité spécifique légèrement différente. » Mais il concilie ces deux points « d'après la considération que le contact de deux masses d'air, sous des températures et des états hygrométriques très-différents, offre précisément les conditions qui donnent lieu au développement d'une action électrique dans l'atmosphère et à des orages électriques ; de sorte qu'un fort état de tension électrique accompagnerait le mélange forcé d'une couche d'air humide avec une autre sèche. »

Il est clair que, pour faire des nuages, il faut de la vapeur d'eau qui se solidifie dans les Cirrus et les couches supérieures de l'atmosphère, et se liquéfie dans les Cumulus et les couches inférieures. Toutes ces transformations sont, au début, purement thermiques, mais elles entraînent des états différents de densité et de gravité spécifique, et, dès lors, de mouvement. L'électricité ne peut donc agir que comme un des agents multiples qui interviennent toujours dans les phénomènes de la nature, mais jamais comme cause unique ou même immédiate. Dans ce sens, la remarque faite par Jevons, que le Pocky se forme à l'avant et à l'arrière, des nuages orageux, peut probablement s'expliquer par le fait que l'électricité se porte aux extrémités des corps conducteurs, qui est ici le nuage orageux même. Nous verrons plus loin, d'après Peltier, que tout nuage a deux sortes de tensions électriques : l'une coercée autour de chaque particule, et l'autre accumulée à la périphérie. La première tension, dite *statique,* n'agit que par des effets d'attraction et de répulsion, ou de simple rayonnement. La seconde, nommée *dynamique* et plus énergique, produit les décharges ignées de la foudre et autres manifestations puissantes. On conçoit maintenant comment la vapeur d'eau, par l'action de la pesanteur et sous l'influence de fortes décharges ou d'écoulement d'électricité vers la périphérie du nuage orageux, peut s'y accumuler, affectant la forme que la force de la pesanteur doit nécessairement lui imprimer, c'est-à-dire celle d'un sac plein d'eau, librement suspendu par l'extrémité de son ouverture ; en d'autres termes, une forme plus ou moins arrondie ou elliptique, suivant la masse et le volume des particules aqueuses, intimement liées entre elles, et, par suite, suivant leur poids.

La seconde remarque de Jevons — dont Scott ne se rend pas plus compte et dont Clouston ne parle point — peut cependant jeter quelque jour sur la théorie du nuage en question. Nous voulons parler du fait signalé par Jevons, à savoir que le Pocky « apparaît lorsque le nuage est prêt à se dissoudre ». Nous expliquons cette circonstance de la manière suivante : La dissolution du nuage orageux est une conséquence même de la forme festonnée qu'il affecte, lorsqu'il atteint son plus grand développement. Aussitôt que ces boules, chargées de vésicules aqueuses et soumises à une forte tension électrique et périphérique, acquièrent des proportions de masse et de poids incompatibles avec leur libre suspension, la force de la gravitation doit nécessairement les dissoudre et les résoudre en pluie, c'est-à-dire en leur propre élément.

Ces nuages globulaires sont bien plus fréquents dans le type Cumulus que dans le type Cirrus. D'après la théorie que nous en avons donnée, les vésicules aqueuses des Cumulus se prêtent bien mieux à cet écoulement festonné, mamelonné ou globulaire, que la structure filamenteuse et cristallisée des Cirrus. Même les nuages globulaires qui tirent leur origine des Cirrus proviennent en réalité des Cirro-cumulus neigeux, qui constituent la couche du Pallio-cirrus, à laquelle ils sont suspendus. C'est pour cela qu'ils peuvent prendre, comme ceux qui émanent des Cumulus, une forme globulaire, semblable à des balles elliptiques de neige, forme à laquelle la cristallisation des Cirro-stratus et des Cirrus ne se prête guère. De nos vingt cas, dix-sept proviendraient des Cumulus.

Voici la description du Pocky, d'après le Dr Clouston :

« C'est une série de nuages noirâtres ressemblant au Cumulus, comme les festons d'une draperie noire, s'étendant sur une étendue considérable du ciel, avec le bord inférieur bien net, comme si chaque feston ou sac était rempli de quelque chose de lourd ; et d'une manière générale les séries de festons reposaient les unes sur les autres, de sorte que les espaces clairs intermédiaires ressemblaient à une chaîne de montagnes alpines aux sommets blanchâtres. Il est essentiel que le bord inférieur soit bien net, car on voit d'autres nuages à peu près semblables, avec les festons du bord inférieur frangés, ou aux ombres fuyantes, qui ne sont suivis que de pluies. » Le Dr Clouston termine par la remarque suivante : « Ce nuage est très-connu et très-redouté parmi les marins des Orcades. »

Classification de ce nuage. — Nous nous sommes étendu sur les caractères et les perturbations qui accompagnent ce nuage étrange, afin de faire sentir la nécessité de l'incorporer dans la classification que nous proposons. Son existence étant hors de doute, il est temps de le porter à la connaissance des observateurs, et de provoquer de leur part de nouvelles observations qui puissent nous mettre sur la voie d'une théorie rationnelle du phénomène. Dès à présent, nous avons vu que ce nuage devient un pronostic sûr de la *tempête*, à un plus haut

degré que toutes les autres formes. On ne peut plus le désigner
par des noms vulgaires : il lui faut une détermination technique
et latine. Les marins des îles Orcades l'avaient déjà baptisé du
nom équivoque de *Pocky* (Pocky cloud). La traduction française est naturellement nuage *pustulé*, comme nous l'avions
admis avec d'autres météorologistes nationaux. Mais le
Dr Clouston nous dit dans son ouvrage que cette expression
dérive du Saxon *Poc*, c'est-à-dire une « enflure » ou un « sac »,
d'où se forme le diminutif *Pocket*, un petit sac, et enfin *Pocky*,
en forme de sac. Le Dr Clouston fait également usage des
termes *festons* et *festonné*, et même de *pock*, qui est en
anglais « pustule. » Jevons l'appelle *Droplet*, « petite goutte ».
H.-F. Burder et son frère l'avaient surnommé *Tucked-up*, « re-
troussé », puis *inverted-Cumulus*, « Cumulus renversé. »
Cette expression vulgaire ne nous paraît pas mauvaise, car si
l'on compare la base de ces sacs ou boules, qui est attachée à
la couche nuageuse, à la base des vrais Cumulus, dits aussi
Cumulo-stratus, on a une série de mamelons qui descendent
ou se tiennent suspendus au lieu de s'élever dans l'espace
comme dans ces derniers nuages. Nous les avions enfin com-
parés à des grappes de raisin et à des stalactites. Ce sont encore
de vrais stalagmites, si l'on compare ces concrétions aqueuses
et mamelonnées, attachées à la voûte nuageuse, aux concrétions pierreuses qui se forment en mamelons sur le sol des
grottes.

Nous proposons donc d'appeler ce nuage *Globus*, en vertu de
sa forme globulaire et mamelonnée. Lorsque les boules seront
plus petites, lors d'un moindre développement, on pourra
leur appliquer le terme de *Globulus*, petite boule. Quand elles
émaneront de la couche du Pallio-cirrus, elles porteront le nom
de *Globo-cirrus,* et lorsqu'elles proviendront de la couche du
Pallio-cumulus, on les appelera *Globo-cumulus*. Pour le diminutif, ce sera *Globulo-cirrus* et *Globulo-cumulus*. Comme

détermination vulgaire de ce nuage, nous proposons d'y joindre les deux caractères de forme et de manifestation, sous le nom de *nuage globulaire-tempêtueux;* et en anglais de *Globular-tempestuous Cloud.* S'il fallait distinguer entre le nuages globulaires formés de Cirrus ou de Cumulus, on nommerait les premiers *nuages Globulaires-neigeux* (*Globular snow Clouds*), et les seconds nuages *globulaires aqueux* (*Globular-aquous Clouds*).

Nous avons observé ce nuage pour la première fois en juin à Washington et le 14 octobre 1870 à Beloit, Wisconsin (États-Unis), à 5 heures du soir, dans les deux circonstances. Voici la description du cas de Beloit (*Pl. XVII*), qui fut plus remarquable que celui de Washington. De grandes masses blanchâtres semblables à des balles de coton, paraissaient suspendues à une couche de Pallio-cirrus (*fig.* 1.) Les unes ressemblaient d'une manière frappante à des grappes de raisin (*fig.* 2), d'autres à des stalactites (*fig.* 3) et d'autres encore à des boules elliptiques à circonférence sinueuse, isolées et espacées par l'azur du ciel (*fig.* 5). Toutes ces masses paraissaient être formées de flocons de neige et se rapprochaient de la forme du Cirro-cumulus. On aurait dit des balles de neige roulées sur elles-mêmes, sous l'impulsion des courants électriques développés pendant l'orage, lequel fut accompagné d'éclairs et de tonnerre à Washington et d'éclairs seulement à Beloit. Une de ces balles, blanchâtre et isolée, offrait vers le haut et vers le bas deux bordures sombres avec une fente au milieu de la même teinte, le reste des bords étant très-échancré et le tout semblable à un glaçon (*fig.* 4). Une personne nous dit à Beloit qu'elle avait vu deux ou trois fois ce genre de nuage. L'état atmosphérique offrit dans ces deux cas les mêmes circonstances météorologiques : coïncidant avec un orage au N.-O., se propageant lentement par le N., et se perdant au S.-E. sans éclater sur la localité. Le soir il y eut à Beloit une aurore boréale peu brillante, mais nous n'en observions point à Washington, où, à cause de la basse latitude, elles sont assez rares. Nous n'en vîmes non plus aucune annoncée vers les hautes latitudes. Le même soir, à Beloit, et surtout le lendemain, la température baissa de plusieurs degrés. C'est une croyance assez répandue que l'aurore boréale est suivie d'un refroidissement de l'atmosphère et souvent d'orages ou de tempétes. Poli [87] a étudié ce rapport. On sait encore que dans les couches supérieures la vapeur d'eau se congèle sous la forme d'aiguilles glacées, surtout vers les régions polaires. Il est probable que ces aiguilles sont charriées par les courants électriques et polaires, qui engendrent les aurores, vers les basses latitudes, et de là vers les couches inférieures de l'atmosphère, par les vents et les orages : d'où peut provenir le refroidissement atmosphérique qui survient fréquemment après les aurores boréales. Plusieurs auteurs (Garden d'Aberdeen, l'abbé Hell, Hüpsch, Hellenzrieder, Mako, Friewald, Savioli, Ross, Dobbie, Forman, Raspail, etc.) ont dès lors expliqué la formation des aurores boréales par la réfraction ou la réflexion des rayons solaires et lunaires sur les glaçons polaires, les nuages neigeux ou à aiguilles glacées ou sur les vapeurs congelées.

NUAGES INFÉRIEURS DU TYPE CUMULUS.

Tous les nuages inférieurs dérivent du type Cumulus. Ce sont les *Pallio-cumulus*, les *Globo-cumulus*, les *Cumulus* et les *Fracto-cumulus*. Leur limite supérieure se termine à la couche du Pallio-cirrus qu'ils ne dépassent point, tandis qu'à leur limite inférieure les Fracto-cumulus rasent presque les hauts monuments et les arbres élevés. Toutes les formes de Cumulus sont des nuages de vésicules aqueuses, pleines ou vides. Les

phénomènes optiques de *réflexion*, sensibles dans la présence
des couronnes et des arcs-en-ciel, confirment ce fait. Ils ne
sont point teintés en rose comme les Cirrus. Le type Cumulus
accuse sur notre hémisphère la direction du courant polaire,
et en général des courants relativement bas de la région de
l'est. Ils ne prennent jamais naissance *au-dessus* des nuages
du type Cirrus et ses dérivés. Leur mouvement dans l'espace
est d'autant plus rapide que le nuage est plus bas, et d'autant
plus lent que le nuage est plus haut.

VII. — **Pallio-cumulus**, Poëy. (*Pl. XII.*)

Couche pluvieuse, Poëy.

Le Pallio-cumulus dérive de l'accumulation des Fracto-cumulus qui s'amassent lentement sous la forme d'une couche
compacte, ou quelquefois de l'abaissement et de la transformation des Cirro-cumulus en Fracto-cumulus. Lorsqu'ils enva-
hissent le ciel, ils se resserrent, et de nouveaux Fracto cumulus
viennent combler les espaces vides, jusqu'à ce qu'il se forme
une couche compacte de Pallio-cumulus, qu'ils alimentent
constamment, jusqu'au moment où la pluie commence. Alors
les Fracto-cumulus cessent de s'y accumuler, et ne font que
filer en dessous le long de la couche du Pallio-cumulus. Peu
avant la fin de la pluie, ils se dégagent de cette couche, et disparaissent pendant que celle-ci s'amincit, se fractionne et se
disperse. La portion du Pallio-cumulus qui n'a pas été réduite,
ou qui ne s'est point dissipée vers d'autres régions, s'amasse
à l'horizon sous la forme de Cumulus; ou encore, se transforme
en Cirro-cumulus en s'élevant. Le Pallio-cumulus est plus bas,
plus dense, moins serré, plus rapide que le Pallio-cirrus et
d'une couleur d'ardoise ou grisâtre. Plus cette couche est

épaisse et compacte, et plus aussi la pluie sera durable; mais aussitôt qu'une brèche est ouverte, il s'en dégage des fragments de Fracto-cumulus, qui disparaissent rapidement. Le Pallio-cumulus apparaît presque toujours du N.-E., accusant le courant *polaire* inférieur qui ne tarde pas à souffler à la surface du sol. Les manifestations météorologiques qu'il détermine sont inverses de celles du Pallio-cirrus: le baromètre monte, le thermomètre descend, l'humidité relative diminue et la tension de la vapeur d'eau augmente.

Voici un exemple d'un Pallio-cumulus que nous avons observé à la Havane, trois jours après le cas ci-dessus du Palliocirrus:

Le 21 mars 1862, à 4 heures du matin, le bord antérieur d'un immense *Pallio-cumulus* se présenta du N.-O. à l'horizon du quatrième cadran, le couvrant entièrement; à 5 heures, il s'étendait longitudinalement depuis le N.-N.-E. jusqu'à l'O-.S.-O., progressant de plus en plus rapidement; à 6 heures, il avait déjà dépassé le zénith, et enfin, à 8 heures, il atteignait l'horizon opposé vers le S.-E. Ce manteau enveloppa ainsi toute l'étendue visible du ciel jusqu'à 4 heures du soir, moment où l'on vit apparaître à l'horizon du quatrième cadran, d'où il était parti, son extrémité postérieure, laquelle atteignit le zénith entre 9 heures et 10 heures du soir et disparut à l'horizon S.-E. à 3 heures de la matinée du 22, là où le bord antérieur avait déjà disparu la veille à 8 heures du matin. Ainsi ce Pallio-cumulus considérable a duré vingt-trois heures, et il s'est passé douze heures entre l'apparition des bords antérieur et postérieur, parcourant une étendue moyenne de 360° avec une vitesse moyenne de 30° à l'heure. Le bord antérieur était animé d'une vitesse de 45° à l'heure, au delà du double de la vitesse du bord postérieur, qui n'était que de 16°. La lumière réfléchie par ce Pallium était parfois légèrement polarisée dans les espaces moins denses.

Il est à remarquer que ce Pallio-cumulus du 21 indiquait l'existence d'un courant polaire de N.-O., qui luttait dès le 18 contre le courant équatorial de S.-O., accusé par la présence du Pallio-cirrus signalé plus haut. Ce courant polaire, alors uniquement sensible d'après quelques fragments rapides de Cirrus, avait refoulé le 18 le Pallio-cirrus ou courant équatorial vers le S.-E., ne lui permettant pas de traverser la région zénithale dans sa marche sur le N.-E., où il aurait dû disparaître, sans l'opposition que lui offrait le courant de N.-O. On voit tout le parti que l'on peut tirer d'une observation attentive sur la nature et la direction des nuages. C'est une nouvelle preuve à l'appui de ce que le courant polaire de N.-O. domine et entraîne à la Havane le courant équatorial de S.-O., ainsi que nous l'avons établi.

Pl. XII. — D'après plusieurs dessins pris à la Havane depuis 1858. La *fig.* 1 représente une couche supérieure de Pallio-cirrus, d'où la pluie déverse sur la couche inférieure de Pallio-cumulus (*fig.* 2), et de celle-ci vers le sol. On aperçoit le long de l'horizon de petits nuages blanchâtres ou gris, qui filent rapidement après les pluies d'orage; ils sont d'autant plus blancs que l'orage est intense, et quelques-uns ressemblent à une souris (*fig.* 3).

VIII. — **Globo-cumulus**, Poëy. (*Pl. XVII.*)

Nuage globulaire-tempêtueux, Poëy.

La forme du Globo-cumulus est identique à celle du Globo-cirrus, décrite au paragraphe VI. Sa constitution diffère en ce qu'elle émane de la couche du Pallio- cumulus à laquelle il est attaché, de même que le Globo-cirrus provient de la couche du Pallio-cirrus. En un mot, l'un se forme de Cirrus et de particules neigeuses, et l'autre de Cumulus et de vésicules aqueuses.

Les deux nuages globulaires que nous avons observés aux États-Unis provenaient des Cirrus et étaient suspendus à une couche de Pallio-cirrus d'une blancheur éclatante. Des dix-huit autres cas que nous signalons, un seul, celui de Pratt, émanait de Cirrus, et les dix-sept restants de Cumulus. John W. Moore les fait provenir des Nimbus et des Cirrus. Dans ses expériences, Jevons les rattache aux Cirrus. Le Dr Clouston et les autres observateurs parlent uniquement de festons noirâtres provenant sans doute des Cumulus ; car les Cirrus et leurs dérivés sont toujours blanchâtres. (Voir nos remarques p. 95.)

IX. — **Cumulus**, Howard. (*Pl. XIII, XV.*)

Nuage montagneux, Poëy.

Les Cumulus sont spécifiquement des nuages d'*été*, de *jour* et de *l'horizon*. Les marins les appellent *balles de coton*. Ils sont formés de vésicules aqueuses. Les trois caractères distinctifs des Cumulus sont : 1° une base horizontale ; 2o une coupe supérieure hémisphérique ; 3o une formation en agrégation ascendante. Ils apparaissent sous la forme d'une moitié de sphère ou d'arcs de cercle mamelonnés, reposant sur une base horizontale. Lorsque ces demi-sphères s'entassent les unes sur les autres, il se forme de gros nuages accumulés à l'horizon, semblables dans le lointain à des montagnes couvertes de neige, dont les contours affectent mille formes humaines et d'animaux, d'un aspect plus ou moins bizarre. Ces apparences fantastiques ont inspiré au poète Ossian ses plus belles images, et ont donné lieu dans les pays montagneux à des traditions émouvantes.

Les Cumulus prédominent pendant l'été et sont rela-

tivement rares en hiver. Ils apparaissent après le lever du
soleil, lorsque l'évaporation du sol et le courant ascendant
se font sentir. Ils disparaissent peu après le coucher du soleil,
quand le refroidissement nocturne commence. Ils demeurent
toujours confinés à l'horizon, et ne traversent jamais la région
zénithale qu'ils n'atteignent même pas. Cette seule circonstance distingue profondément les Cumulus des Fracto-cumulus.
Les Cumulus développent lentement leur sommité convexe et
acquièrent leur plus grand développement et leur plus grande
élévation, proportionnellement à leur base, au moment de la
plus forte chaleur, de 2 à 3 heures de l'après-midi. Leur
base se maintient un peu au-dessus de l'horizon, laissant en
dessous un espace dépourvu de nuages et un ciel bleu. La
hauteur à laquelle la base du Cumulus se fixe au-dessus de
l'horizon visible est intimement liée à certaines variations atmosphériques, et devient un signe de prévision
digne d'étude. Par exemple, lorque la base du Cumulus est
plus élevée au-dessus de l'horizon, l'orage et la pluie retar-
dent, ou même n'ont pas lieu, suivant la hauteur barométrique. Mais plus la base du Cumulus se rapproche de l'horizon,
plus vite aussi l'orage éclate et plus la pluie est intense. La
base est en été plus rapprochée de l'horizon, et en hiver plus
éloignée. Souvent la pluie se détache de la base du Cumulus,
et forme des foyers qui se déplacent constamment. Nous avons
étudié à Mexico 3,378 foyers d'orage, dont on trouvera les
conclusions dans notre volume sur les *Courants atmosphériques*. Les orages à Mexico surviennent du S.-O., mais ils
éclatent au N.-E. de la ville.

Lorsque les Cumulus s'entassent le long de l'horizon, ils
ressemblent à une cordillère alpine. Leur mouvement est
excessivement lent, et ils peuvent demeurer toute une journée
sans presque se mouvoir. En été, ils sont bien plus abondants
dans la région du sud, et en hiver dans celle du nord, du moins

à la Havane. Cette distribution peut dépendre de ce que les Cumulus sont des nuages de chaleur, d'humidité et d'évaporation. La terre étant en été plus chaude que la mer, les Cumulus se portent au sud ; mais en hiver la mer est inversement plus chaude que la terre et les Cumulus se portent au nord. Nous avons fait la même remarque à Mexico, où le lac considérable de Tezcuco, situé à l'est de la ville, imprime à l'état atmosphérique de la capitale certains caractères inhérents aux ports de mer. Nous avons donc observé des brises périodiques, analogues aux brises de mer et de terre. Le matin, la brise se lève de l'est et de la direction du lac de Tezcuco, et, le soir, elle soufle de l'ouest. Ce fait n'a pas encore été signalé. Généralement et sous toutes les latitudes, les Cumulus se portent avec plus d'abondance vers l'azimut de l'horizon de la plus forte chaleur.

Quand les Cumulus atteignent une certaine hauteur, ils s'élèvent obliquement vers le zénith. Le grand axe de la cordillère du nord s'incline du N.-E. au S.-O. et celui de la cordillère du sud s'incline du S.-E. au N.-O. En même temps, les Cumulus circulent très-lentement autour de l'horizon en sens inverse : ceux du nord, de l'ouest à l'est, et ceux du sud, de l'est à l'ouest ; mais, en général, ils ne décrivent qu'un arc de 90° du N.-O. au N.-E. dans la région du nord et du S.-E. au S.-O. dans celle du sud ; de sorte que dans les deux autres arcs d'égale valeur, compris du N.-E. au S.-E. et du S.-O. au N.-O., c'est-à-dire, sous les azimuts de l'est et de l'ouest, les Cumulus sont relativement rares. A Mexico, c'est l'inverse, probablement sous l'influence du lac de Tezcuco : il sont plus abondants sur les azimuts de l'est et de l'ouest, et circulent à l'horizon du nord au sud ou *vice versâ*.

Notons qu'à la Havane le double mouvement, horizontal autour de l'horizon et vertical vers le zénith, dans les deux cordillères de Cumulus situées au nord et au sud de l'horizon, paraît correspondre relativement aux rotations du courant polaire, du nord au sud par l'est, et du courant équatorial, du sud au nord par l'ouest, sous l'influence de la forme sphérique et de la rotation de la Terre. Il existerait donc un rapport intime dans l'ensemble de tous ces mouvements. Les heures d'apparition et de disparition des Cumulus, ainsi que le sens de leurs mouvements, varient à la Havane suivant la déclinaison du soleil, et par suite suivant les saisons. La base du Cumulus se meut dans la direction du vent de surface déterminée par l'action thermique du sol, d'où résulte son mouvement en sens inverse de part et d'autre de l'horizon, en rapport avec les circonstances orographiques des localités envisagées. Mais, lorsque la sommité du Cumulus atteint une hauteur assez élevée, elle obéit aux courants régnant à cette altitude : de là son inclinaison dans l'espace.

Sur le plateau de la vallée de Mexico, les Cumulus disparaissent complétement, sauf de rares exceptions, pendant les six mois de l'hiver ou de la saison de sécheresse, et reparaissent pendant les autres six mois de l'été ou de la saison des pluies ; ils disparaissent aussi pendant la nuit. Dès 8 heures du matin, leurs sommets apparaissent derrière les collines ; les Cumulus atteignent leur plus grande altitude de 2 à 3 heures de l'après-midi, au moment des fortes chaleurs, puis s'abaissent lentement et disparaissent au même point peu après le coucher du soleil. L'apparition et la disparition des Cumulus sont intimement liées à l'état hygrométrique et thermométrique des couches atmosphériques. La marche périodique des Cumulus sur le plateau de Mexico est tellement régulière, que leur première apparition devient un indice certain du commencement de la période des pluies, et, leur disparition, du commencement de la période de sécheresse. En 1866, ils ont commencé à disparaître dès le 22 août.

Quand les Cumulus s'élèvent assez haut, la sommité prend

la structure du Cirro-cumulus, et ses dernières limites celle du Cirrus, sans atteindre le zénith. Les sommets sont alors moins arrondis, moins mamelonnés, et se chargent de masses laineuses détachées ou de protubérances, ainsi que Howard l'a très-bien observé. Dans les belles journées d'été, les mamelons sont au contraire parfaitement arrondis, d'une blancheur éclatante et argentée, dont l'ensemble du Cumulus participe. Lorsqu'ils sont assez hauts, les sommets se colorent d'un rose tendre, au lever et au coucher du soleil, comme les Cirrus. Mais, aussitôt que l'orage approche, les sommets se détachent, pâlissent et perdent leur éclat; le corps du Cumulus devient cendré, puis grisâtre, et la base couleur d'ardoise ou noirâtre. C'est un indice certain de mauvais temps.

Les masses mamelonnées des sommités des Cumulus sont à Mexico plus nombreuses, plus petites, plus compactes, plus arrondies, d'une blancheur perlée plus éclatante qu'à la Havane. Cela peut dépendre de la position maritime de cette dernière ville, où l'atmosphère est plus chargée de vapeurs d'eau. Un fait remarquable, c'est que l'on peut tirer un pronostic assez sûr de cet état de leurs mamelons. Nous avons fréquemment observé dès le matin que l'orage se développe dans l'après-midi, du côté de l'horizon où la sommité mamelonnée est un peu désunie, les mamelons moins nombreux, plus grands, moins arrondis, d'une blancheur moins pure, ou grisâtre. Il serait curieux d'étudier la connexion qui doit exister entre une circonstance en apparence aussi peu importante et l'effet considérable des orages lors des fortes chaleurs. Howard a eu connaissance de ce fait, quand il dit : « Le Cumulus du beau temps est d'une hauteur et d'une étendue modérées, avec sa sommité nettement arrondie. Avant la pluie, il s'accroît plus rapidement, apparaît plus bas, et sa sommité est chargée de masses laineuses détachées ou de protubérances. »

S. Barber[88] a décrit et figuré un nuage de cette nature qu'il appelle *Électric Cumulus*, et qui précède toujours les grands orages électriques.

Pl. XV. — Naissance du Cumulus sur les flancs d'une montagne, prise à Mexico, le 4 juillet 1866. *La fig.* 1 représente une bande de Fracto-cumulus qui a passé la nuit sur la colline à l'époque des orages, puis à partir de 7 heures du lendemain, lorsque le courant ascendant s'établit, une de ses extrémités, généralement celle d'où souffle le vent, peu de temps après, s'élève très-lentement jusqu'à former la tête ou la première apparition du Cumulus proprement dit (*fig.* 2.) Ce Cumulus s'élève jusqu'à 2 heures de l'après-midi, redescend et disparaît au coucher du soleil, mais derrière la colline.

Pl. XIII. — Type parfait d'un Cumulus : *fig.* 1, la base horizontale ; *fig.* 2 sommité hémisphérique. Souvent accompagné d'une bande horizontale de Fracto-cumulus qui coupe le sommet du nuage.

(Voir sur le Cumulus, chap. II, p. 19-24.)

X. — Fracto-cumulus, Poëy. (*Pl. XVI.*)

Nuage venteux, Poëy.

Les nuages que nous avons nommés en 1863 *Fracto-cumulus* sont des fragments de Cumulus distancés plus ou moins considérables, sans forme déterminée, aux rebords déchirés, les plus bas et les plus rapides de tous, blanchâtres, grisâtres ou couleur d'ardoise, suivant leur densité et l'état hygrométrique des couches atmosphériques. Aussitôt qu'un orage invisible éclate dans le lointain, ou sur la localité même, on les voit accourir avec une grande vitesse, presque rasant les plus hauts monuments ou les arbres les plus élevés ; leurs bords sont excessivement déchirés, et ils sont alors d'une blancheur qui contraste fortement avec la couche grisâtre du Pallio-cumulus supérieur. D'une forme bizarre, quelques-uns ressemblent même à une souris (*Pl. XII, fig. 3*). Les Fracto-cumulus sont visibles le jour et la nuit ; ils traversent le ciel dans toutes les directions, aussi bien à l'horizon qu'au zénith, pendant plusieurs jours sans discontinuer, comme ceux que nous avons observés à la Havane le 19 février 1864. Leur présence ne produit point des variations brusques dans les manifestations météorologiques. En hiver, on les voit apparaître, par un ciel azuré, produisant à leur passage au zénith de faibles ondées de pluie discontinues, accompagnées de fortes rafales de vent qui impriment immédiatement une très-légère élévation ou une oscillation dans la colonne barométrique. Ces nuages produisent aux Antilles les pluies de l'hiver et les giboulées de mars en Europe : ils suivent généralement la direction du vent régnant à la surface de la terre. Souvent la direction du vent de surface précède celle des Fracto-cumulus, mais ceux-ci ne tardent pas à souffler dans le même sens. C'est ainsi que le vent qui règne ou qui doit régner quelques heures ou quelques jours après à la surface du sol, est accusé par la direction des Fracto cumulus. Les Cirrus et ses dérivés sont à la vue extrêmement lents, et ils accusent surtout des courants supérieurs opposés aux vents de terre. Les Fracto-cumulus sont donc de véritables *nuages de vent* (*Wind Clouds*).

Mais il ne faut pas confondre la direction de l'Alizé de N.-E , d'E. et de S.-E., ou les vents de surface que l'on observe dans les Fracto-cumulus, avec une direction de l'E. encore plus générale, *uniquement sensible* dans ces nuages. De 1862 à 1863, les observations horaires de l'Observatoire de la Havane nous fournissent 3,987 cas pour la direction de l'E., et 2,745 pour celle de N.-E. : différence 1,242 cas vers l'E. Ce courant de l'E. est bien plus élevé, au-delà du Tropique, sur le Pic de Ténériffe, le Pike Peak et le Mount Washington (aux

Etats-Unis) et dans le sud de la Sibérie. On pourrait l'attribuer à l'écoulement latéral vers l'O. de l'air qui monte sur la région de raréfaction de l'Asie et de l'Afrique, ou au contre-courant que peut produire le mouvement de rotation de la Terre d'occident en orient. Il pourrait encore provenir de la direction moyenne que prendrait ce courant rectangulairement aux alizés de N.-E. et de S.-E. Les Fracto-cumulus sont encore les seuls nuages qui peuvent flotter à la limite inférieure des alizés de N.-E. et de S.-E. Par eux, on suit les oscillations périodiques de ces deux courants, les vents variables et les brises de terre et de mer. Ils nous accusent enfin, à cette faible hauteur, une certaine prédominance, à la Havane, du courant équatorial de S.-O. et de l'alizé de S.-E., et leur descente vers cette couche dans les mois de mai et de juin, lorsque le soleil se porte sur le tropique du Cancer au solstice d'été.

Peu avant que l'orage ou la tempête n'éclate, on voit apparaître une suite de petits Fracto-cumulus cheminant rapidement le long des Cumulus qui stationnent, quasi immobiles, à l'horizon. Bientôt les Fracto-cumulus deviennent plus abondants, moins rapides et forment une bande horizontale qui coupe le Cumulus vers sa sommité (*Pl. XIII*). Ces bandes, signalées par Théophraste, sont un présage, pour les marins, d'une bourrasque. Le Cumulus, surmonté d'une bande, est improprement nommé, par quelques météorologistes, *Cumulo-stratus*, car ce n'est qu'une des allures que prend ce nuage avant l'orage.

En effet, le Fracto-cumulus se développe de plus en plus ; il se fait un échange électrique de nom contraire entre ces deux nuages, et l'orage ne tarde pas à éclater. C'est donc le même petit nuage, dont nous avons parlé plus haut, qui, retournant du combat, vient livrer une nouvelle bataille. Quand les Fracto-Cumulus s'accumulent dans les grandes chaleurs autour de l'horizon, ils se transforment en Cumulus. Lorsque, après l'orage, la couche du Pallio-cumulus s'entr'ouvre, les Fracto-Cumulus se dissolvent en partie, d'autres se dispersent dans des régions lointaines, et d'autres encore vont renforcer les Cumulus à l'horizon, ou s'étalent en bandes horizontales vers leurs sommités, si l'orage n'est pas terminé. Quelquefois les Fracto-cumulus s'élèvent et se transforment en Cirro-cumulus à larges nuelles. Le Fracto-cumulus, par son accumulation, donne naissance au Pallio-cumulus et alimente constamment cette couche.

C'est surtout dans le cours de nos observations sur le plateau de Mexico que nous fûmes frappé de la nécessité de distinguer ce nuage. Le matin, dans la saison pluvieuse, avant que les Cumulus n'apparaissent, et le soir après qu'ils ont disparu, ainsi que pendant la saison de sécheresse, d'autres nuages viennent les remplacer : ce sont ceux que nous désignons ici sous le nom de *Fracto-cumulus*, c'est-à-dire des fragments jouissant de propriétés différentes de celles des Cumulus. Il suffit d'augmenter la température et l'humidité atmosphériques pour que le Fracto-cumulus se transforme en Cumulus, de même qu'il suffit d'abaisser graduellement la température pour que le Cirro-cumulus se transforme en Cirro-stratus, puis en Cirrus pur. C'est ainsi que les nuages dérivent les uns des autres, par voie d'évolution, tout en conservant leur propre individualité. Sans une nouvelle dénomination, il est impossible d'établir la différence fondamentale qui existe entre ces deux ordres de nuages. On remarquera, sur les registres par exemple, des Cumulus pendant la saison de sécheresse à Mexico, dès le lever du soleil, et dans la saison pluvieuse après le coucher du soleil, là où il n'y en avait *pas un seul;* c'est malheureusement ce que les observateurs mexicains ont fait jusqu'ici, et ce que l'on fait encore dans toutes les parties du monde.

Planche XVI. D'après plusieurs dessins pris à la Havane depuis 1858. *Fig.* 1, type normal, indiquant, par les portions noirâtres et plus denses, un caractère orageux ; *fig.* 2, Fracto-cumulus accumulé à l'horizon, prêt à se transformer en Cumulus proprement dit, où l'on voit déjà la formation naissante de a base horizontale et de la coupe hémisphérique supérieure des lobes orageux. Cette transformation du Fracto-cumulus en Cumulus n'a généralement lieu que dans les grandes chaleurs, ou après les orages électriques.

CHAPITRE V.

I. — Quantité de nuages.

On calcule à la simple vue, soit l'espace azuré du ciel, soit la
quantité de nuages visibles, que l'on détermine suivant une
échelle conventionnelle en fractions décimales depuis o jusqu'à l'unité 1. Mais il est préférable d'évaluer directement la
quantité de nuages et de répéter cette appréciation dans
chaque quadrant, et sur chaque forme distincte, au lieu de se
conformer uniquement à l'ensemble des nuages, n'ayant égard
ni aux couches superposées, ni à leur nature, comme on fait
généralement.

Voici la méthode que nous avons adoptée à l'observatoire de
la Havane : on explore le premier quadrant, et si l'on aperçoit
trois formes différentes de nuages, par exemple des *Cirrus* élevés, des *Cumulus* à l'horizon et des *Fracto-cumulus* bas et
isolés, on évalue l'un après l'autre, selon leur étendue en hauteur et en largeur, l'espace qu'ils occupent relativement aux
90° compris du N. à l'E. et de l'horizon au zénith de ce qua-

drant. On inscrit alors dans sa colonne correspondante, soit o,5 de *Cirrus,* un o,2 de *Cumulus* et un o,8 de *Fracto-cumulus.*

Si le quadrant que l'on explore est complétement couvert d'une seule nature de nuage, on marque l'unité 1 et sa forme correspondante. Si, au contraire, il n'y a aucun nuage, on inscrit o. On répète ensuite la même opération dans les trois autres quadrants du S.-E., du S.-O. et du N.-O.

Lorsque la quantité de nuages visibles est très-minime, ne consistant qu'en quelques fragments, il devient extrêmement difficile d'en faire une juste appréciation; dans ce cas, on marque *nuage isolé* du type correspondant. Pendant une pluie continue, lorsque le ciel est complétement couvert d'un Pallio-cumulus, on est sûr de trouver encore au-dessus une seconde couche de Pallio-cirrus, qui occasionne cette pluie; après qu'on s'en est assuré, on inscrit dans chaque quadrant l'unité pour ces deux formes.

Mais aussitôt qu'il se fait une brèche dans la couche de Pallio-cumulus, il faut bien faire attention à ne point confondre la quantité de nuages correspondant à chacune de ces deux couches qui s'aperçoivent l'une au-dessus de l'autre. Avec un peu d'attention, on arrive parfaitement à saisir chaque ordre de nuages et l'espace qu'ils occupent

II. — *Direction des nuages.*

La connaissance de la circulation atmosphérique, fondée sur l'étude des nuages, est de la plus haute importance au double point de vue spéculatif et pratique ; car ils nous accusent à chaque instant la direction et la hauteur des courants supérieurs, lesquels déterminent à leur tour les courants inférieurs.

Si les mouvements des nuages, depuis les Cirrus jusqu'aux Fracto-cumulus, c'est-à-dire depuis 15,000 mètres environ de hauteur jusqu'à la surface terrestre, obéissent réellement à la loi même du changement des vents, nos prévisions acquièrent alors un certain degré d'exactitude.

On doit inscrire dans une colonne à part la direction de chaque forme de nuage correspondant aux seize points cardinaux de la rose des vents. Pour cela, il faut observer le rumb d'où apparaît le nuage et celui de l'horizon opposé où il disparaît. Lorsque le nuage traverse la région zénithale, l'observation est facile à faire. Il n'y a qu'une seule circonstance qui peut induire en erreur par un effet de perspective ; elle a lieu le matin et le soir, lorsque les Cumulus ne s'éloignent point des limites de l'horizon et qu'ils ont une marche très-lente. On croirait alors que le nuage se dirige franchement de l'E. à l'O., ou *vice versâ*, soit par le nord, soit par le sud, lorsqu'il aurait plutôt une inclinaison du N.-E., du N.-O., du S.-E., du S.-O., ou de tout autre rumb.

Si c'est au lever et au coucher du soleil, si le vent est à l'E. ou à l'O., ou encore si la girouette se maintient au calme dans une de ces directions, on peut être sûr que le Cumulus suit ce parcours horizontal, perpendiculairement au méridien.

Souvent, il est très-difficile de saisir la direction des Cirrus et des Tracto-cirrus, à cause de leur extrême lenteur, de la quantité considérable et de la grande étendue de leurs filaments qui sont apparemment orientés dans toutes les directions. Il faut principalement fixer son attention sur le sens du déplacement de l'axe de l'arête ou du tronc central d'où partent cette multitude de branches latérales. La marche du Tracto-cirrus est presque toujours dans la direction du plan longitudinal ou parallèle au grand axe. Par une loi de perspective, ces bandes paraîtront converger d'un point de l'horizon vers un autre point diamétralement opposé. L'observation des deux points opposés de convergence donnera le sens de l'orientation. La direction du vent régnant à cette hauteur, ou ce que Lamarck appelle le *point du vent*, est le point de l'horizon qui se trouve au sommet de l'angle ou du cône formé par les bandes du Tracto-cirrus, et dont l'observateur se trouve placé au milieu de l'ouverture de cet angle, ou de la base élargie du cône.

Il y a une autre illusion d'optique contre laquelle il faut être prévenu. Elle se présente chaque fois qu'au-dessous d'une couche supérieure de Cirrus très-lents, on aperçoit une seconde couche inférieure de Fracto-cumulus rapides. Dans cette circonstance, les Cirrus semblent marcher rapidement à l'opposé des Fracto-cumulus, lorsque, en réalité, ils suivent la même direction avec bien plus de lenteur. C'est une illusion analogue à celle que l'on remarque en chemin de fer quand les objets qui sont le plus près de nous filent rapidement dans une direction inverse à celle de la locomotive ; tandis que les objets plus éloignés, au delà du second plan, vont parallèlement ; enfin, ceux qui se trouvent entre ces deux positions demeurent immobiles. On ne saurait trop prévenir les observateurs contre cette grave erreur, surtout lorsqu'ils se trouvent en présence de trois ou quatre couches de nuages superposées, pouvant avoir, les unes la même direction, et les autres des directions différentes. Lorsque les nuages passent devant le disque d'une étoile de première grandeur ou, encore mieux, devant la Lune, il est extrêmement facile de saisir leur direction, qui est infailliblement en sens inverse du mouvement apparent du corps céleste, comme dans le cas du premier plan en chemin de fer.

Pendant la nuit, lorsqu'on n'aperçoit plus d'étoiles ni de clair de lune, il n'est pas facile de saisir la nature et la direction des nuages si l'on n'est pas bien pénétré de leur constitution. Voici l'état du ciel pendant une nuit orageuse : il y a, comme d'habitude, deux couches de nuages : la supérieure, invisible, formée de Pallio-cirrus ; et l'inférieure de Pallio-cumulus, seulement sensibles dans les portions noirâtres du ciel. Généralement, à l'horizon, il n'y a point de Cumulus ; mais on voit très-distinctement comme de grandes taches blanchâtres se mouvant rapidement de la direction d'où vient l'orage, et laissant entre elles des espaces noirâtres. Le fond noir du ciel est la couche de Pallio-cumulus, et les taches blanches sont les Fracto-cumulus, qui filent d'autant plus rapidement qu'ils sont bas et que le vent souffle avec violence à cette hauteur. Nous prévenons les observateurs qu'ils pourraient être victimes d'une nouvelle illusion s'ils visaient le fond sombre du ciel, au lieu de viser les taches blanches mobiles. Ils prendraient les espaces noirs intermédiaires pour des nuages et les espaces blancs pour la voûte céleste. C'est une illusion de cette nature qui a conduit Arago[89] et Laugier à prendre la portion sombre du ciel intermédiaire entre les bandes blanches des Tracto-cirrus, pour des soi-disant *arcs noirs* qu'ils crurent observer à Paris dans la nuit du 23 juin 1844. Fournet,[90] en relevant cette erreur, avait parfaitement raison, malgré l'insistance d'Arago. De Humboldt[91] crut aussi à ces arcs noirs sous le poids de l'autorité d'Arago. Lorsque le ciel est étoilé ou légèrement éclairé par la Lune, même à travers une couche mince de Pallio-cirrus, les Fracto-cumulus qui circulent en dessous sont au contraire relativement noirâtres, car ils jouent le rôle d'écran.

Les Cirrus sont tellement lents, qu'il faut de grandes heures avant de saisir leur marche. Ils ont ensuite un mouvement latéral perpendiculaire à leur progression, bien plus prononcée que dans les Cumulus ou les autres formes de nuages ; puis, leurs filaments et leur grand nombre de ramifications masquent en partie leur vraie direction. Dans ce cas, l'observateur doit prendre un point de repère sur quelque monument élevé de la ville ou sur le sommet d'une montagne ou d'un arbre et le vérifier d'heure en heure ou plus souvent. Si ces précautions n'étaient point suffisantes, il faudrait attendre que le Cirrus ait dépassé le méridien ou qu'il disparaisse à l'horizon opposé. A l'Observatoire de la Havane, la direction des Cirrus n'est définitivement notée sur le registre que dans l'après-midi, quoiqu'ils aient paru dès cinq ou six heures du matin.

Lorsque les Cumulus s'entassent à l'horizon, ils s'élèvent obliquement vers le zénith par un mouvement latéral et ascendant, qu'il faut distinguer de la vraie direction horizontale du nuage.

D'une manière générale, tous les nuages du type *Cirrus* accusent le courant équatorial compris sous les azimuts de la région de l'ouest. Par l'effet de la forme sphérique et de la rotation de la Terre, le courant équatorial tourne graduellement, à partir de l'équateur jusqu'au pôle nord, du sud à l'ouest et au nord ; de même, tous les nuages du type *Cumulus* accusent le courant polaire, sous les azimuts de la région de l'est. La forme sphérique et la rotation de la Terre font tourner le courant polaire inversement du nord à l'est et au sud. Dans l'hémisphère austral, la rotation est entièrement inverse. Dans leur antagonisme, ces deux courants généraux décrivent un cercle complet entre l'équateur et les pôles. A l'influence géométrique de la forme de la terre et à l'influence dynamique de sa rotation, il faut ajouter l'action thermique du Soleil, en vertu de laquelle la région équatoriale présente une immense zone de basse pression et les latitudes extra-tropicales deux autres zones de haute pression. Ces deux zones de basse et de haute pression constituent les pôles respectifs de ces deux courants antagonistes. Le courant polaire dans la région inférieure de l'atmosphère se précipite vers la basse pression équatoriale, pendant que le courant équatorial se porte dans les hautes régions vers la haute pression extra-tropicale. C'est ainsi que la direction des deux courants généraux justifie à elle seule la distribution que nous avons établie entre le type Cirrus et le type Cumulus. Mais il faut encore tenir compte des influences thermiques et hygrométriques des continents et des mers.

Nous connaissons à peine l'allure des isobares à proximité des pôles, bien que l'on admette généralement qu'il y règne une forte dépression, plus marquée au pôle austral. Cependant, il pourrait exister une zone de forte pression autour des pôles mêmes, variable suivant la position du soleil sur les deux tropiques. Déjà, les cartes des isobares du globe, de Buchan[92] nous montrent, au mois de décembre, lorsque le soleil est sur le tropique du Capricorne, des isobares de pressions de plus en plus fortes jusqu'à atteindre le 90ᵉ degré de latitude nord, à mesure qu'elles s'éloignent de l'aire de dépression située dans l'Atlantique nord du 60ᵉ au 70ᵉ degré. Au mois d'avril, lorsque le soleil vient de dépasser l'équateur, l'isobare de 30,0 pouces entoure le globe entre 80° et 90° nord, et 40° sud.

« La pression augmente toujours, ajoute Buchan, dans l'Atlantique nord et dans le nord de l'Amérique du Nord, et il est probable qu'une zone de haute pression (moins de 30 pouces) entoure le pôle nord. »

On observe deux sortes de transformations subites dans la nature et dans la direction des nuages, qu'il faut soigneusement distinguer. La première se présente de la manière suivante : lorsque, par exemple, on a des Cirrus de S.-O. pendant quelque temps, à l'heure suivante ils disparaissent dans cette direction et on les aperçoit filant maintenant du N.-O.; puis ils disparaissent de nouveau et reparaissent du S.-O. vers la première direction. Ces variations intermittentes indiquent que le courant primitif de S.-O. s'épuise et sera bientôt remplacé par le nouveau courant du N.-O., qui deviendra à son tour permanent pendant plusieurs heures ou plusieurs jours. Lorsque cette alternance de courants a lieu à une même altitude, les nuages de S.-O. et de N.-O., qui accusent leur présence, sont infailliblement d'une même structure, que ce soient des Cirrus ou qu'ils affectent toute autre forme. Mais lorsque ces deux courants soufflent respectivement à des altitudes différentes, supérieures ou inférieures, les nuages, de part et d'autre, sont, par leur structure et par leur forme, de différente nature : ceux du courant supérieur seront des Cirrus et ceux du courant inférieur seront des, Cirro-cumulus. Par cette distinction, on obtient à la fois la direction et l'altitude des courants, d'après la nature des nuages.

L'explication physique est facile à saisir suivant notre théorie de l'évolution des nuages. Deux courants superposés, d'une direction quelconque, se trouvent dans des conditions physiques très-différentes, qu'ils suivent une même direction ou des directions différentes. Le courant supérieur traverse une couche atmosphérique dont la température est plus froide et plus sèche, tandis que le courant inférieur traverse une couche dont la température est moins froide, et l'humidité plus grande. Au contraire, des courants opposés, mais à une même altitude, jouissent à peu près des mêmes conditions physiques, car les influences que l'on remarque à la surface de la terre entre les azimuts du nord et du sud, ou de l'est et de l'ouest, n'atteignent presque pas la région des Cirrus, où l'action des continents et des mers cesse de se faire sentir.

La seconde transformation a lieu lorsque, dans un courant plus ou moins permanent, les nuages de telle ou telle forme s'élèvent ou s'abaissent à une couche atmosphérique supérieure ou inférieure. Le cas le plus général est la transformation des Cirro-cumulus en Cirrus, lorsqu'ils s'élèvent, ou, inversement, la transformation des Cirrus en Cirro-cumulus lorsqu'ils s'abaissent. D'autres fois, les Fracto-cumulus se transforment en Cirro-cumulus en s'élevant. Si l'une de ces transformations persiste à différentes heures de la journée, c'est un indice certain que le courant primitif sera remplacé par un nouveau courant venant de la direction d'où elle se produit. L'étendue et la densité des nuages nous révèlent encore la direction et la hauteur des courants atmosphériques : moins les Cirrus et leurs dérivés offrent de surface sous une grande ténuité, et plus ils sont élevés et se meuvent des azimuts de l'ouest. Inversement, plus les Cumulus et leur dérivés s'étendent sous une grande densité, et plus aussi ils sont bas et se meuvent des azimuts de l'est.

Il faut donc distinguer, sur les registres, les nuages qui proviennent de transformations subites et passagères, des nuages qui forment partie du courant prédominant. Autrement, on s'imaginerait que le courant, accusé par telle ou telle forme de nuage, aurait subitement changé de direction, lorsqu'en réalité il n'aurait que momentanément disparu. Les nuages de transformations subites proviennent généralement de directions différentes à celles des courants prédominants. Sous chaque structure de nuages, ils sont les précurseurs d'un changement de courant, qui remplace, à la même altitude, le courant précédent. La différence entre ces deux sortes de transformations consiste en ce que, dans la première, le courant vient de loin; tandis que, dans la seconde, il souffle déjà au-dessus de nous, et ne fait que s'élever ou s'abaisser. Dans les deux cas, les nuages deviennent sensibles, grâce à la précipitation de la vapeur d'eau sous telle ou telle structure de nuages. Plus la structure des nuages est opposée entre l'ancien et le nouveau courant, et plus aussi ils forment entre eux des angles considérables. Dans les alternances entre les courants les plus élevés et les courants les plus bas, les premiers précipiteront des Cirrus du S.-O., et les derniers des Fracto-cumulus du N.-E. On voit combien cette distinction acquiert de l'importance, quand on songe que c'est, en résumé, par l'observation de la structure, de la forme et de la direction des nuages, que l'observateur peut connaître la hauteur et la direction des courants atmosphériques. Toute fausse interprétation des nuages entraîne en même temps une fausse. interprétation des courants atmosphériques.

Les aires de basses et de hautes pressions des régions inférieures et supérieures de l'atmosphère, où les courants se précipitent inversement, découvertes par Clement Ley [93], ne sont que des manifestations locales de la grande circulation atmosphérique. On aurait pu tout aussi bien déduire l'effet local de l'effet général ; mais on a suivi une marche inverse. C'est une brillante confirmation de la loi que nous formulâmes en 1871 : *la loi de l'évolution similaire*, d'après laquelle le *temps* et l'*espace* caractérisent et affectent seuls les phénomènes météorologiques, ou tout autre phénomène de l'ordre physique et moral [94].

Ainsi, les Cirrus, les Tracto-cirrus et les Cirro-cumulus apparaissent généralement du S.-O.; ils se portent à l'O. au delà du tropique, et au N.-O. sur les hautes latitudes, constituant des contre-alizés aux alizés de N.-E. et de S.-E., dont ce dernier traverse l'équateur et s'étend sur notre hémisphère. Lorsque les Cirrus se meuvent de l'O., c'est le contre-courant du courant de l'E., prédominant dans les Fracto-cumulus. Quant aux Cumulus, ils circulent autour de l'horizon, en sens inverse, dans la région du nord, à ceux de la région du sud. A la Havane, leur mouvement est, au nord, de l'O. à l'E., et, au sud, de l'E. à l'O. ; à Mexico, c'est du N. au S., ou, *vice versâ*, de part et d'autre des régions de l'est et de l'ouest. Les conditions topographiques et orographiques déterminent le sens de la rotation des Cumulus sous les différentes latitudes. Les Pallio-cirrus et les Pallio-cumulus servent alternativement de transition entre les deux courants antagonistes, l'équatorial et le polaire : les premiers accompagnent généralement les courants supérieurs des azimuts de l'ouest, et, les seconds, les courants inférieurs des azimuts de l'est. Les Globo-cirrus et les Globo-cumulus sont toujours attachés aux couches des Pallio-cirrus et des Pallio-cumulus. Enfin, les Fracto-cumulus se meuvent avec les alizés de N.-E. et de S.-E., mais ils prédominent à la Havane dans un courant de l'E., dont le contre-courant est dans les Cirrus les plus élevés. Le tableau suivant résume la direction générale des principaux courants atmosphériques observés à la Havane, d'après les huit structures et formes principales de nuages:

Cirrus.......... Tracto-cirrus.... Cirro-stratus.... Cirro-cumulus...	Courant équatorial supérieur, ou contre-alizés de S.-O. et de N.-O., et contre-courant de l'O.
Pallio-cirrus.....	Alternance vers le courant équatorial supérieur de S.-O.
Pallio-cumulus...	Alternance vers le courant polaire inférieur de N.-E.
Cumulus........	Courant circulaire autour de l'horizon.
Fracto-cumulus. Vents de surface.	Courant polaire inférieur, ou alizés de N.-E. et de S.-E., et courant de l'E.

Nous avons supprimé le Globo-cirrus et le Globo-cumulus, qui forment partie du Pallio-cirrus et du Pallio-cumulus.

III. — *Vitesse des nuages.*

Nous ignorons quelle est la vitesse moyenne des différentes formes de nuages. Nous n'avons aucune méthode expérimentale prompte et à la portée des observateurs ordinaires. A défaut même d'une échelle analogue à celle de Beauford sur la vitesse du vent, nous sommes forcés de nous en tenir à une estimation visuelle et approximative, que nous avons adoptée à l'Observatoire de la Havane.

Comme règle générale, les nuages apparaissent d'autant plus rapides qu'ils se tiennent plus proches de la surface du sol, et d'autant plus lents qu'ils s'en éloignent. Les Fracto-cumulus, qui rasent presque les sommités des monuments et des arbres, sont les plus rapides; tandis que les Cirrus, qui se trouvent de

15,000 à 20,000 mètres d'altitude, dans la zone torride, sont les
plus lents, puisqu'ils restent des heures entières presque immobiles.

On adoptera les quatre termes suivants : *lent, très-lent, rapide* et *très-rapide*, qui expriment toutes les vitesses des nuages
avec assez d'exactitude. On s'exposerait à de graves erreurs
si l'on faisait usage d'une nomenclature plus minutieuse. Les
déterminations extrêmes sont les plus difficiles à saisir, surtout
celle de *très-rapide*. On se gardera bien d'en faire usage avant
de s'être parfaitement rendu compte de la marche des Cirrus,
qui tardent des heures entières à décrire un très-petit arc, et
celle des Fracto-cumulus, dont la vitesse est très-variable et souvent considérable. Après quelques apparitions de nuages à
vitesse extrême, l'observateur saura les estimer correctement.

L'avantage de signaler la direction et la vitesse des nuages
se fait surtout sentir dans l'observation des Cumulus toujours
attachés à l'horizon ; où ceux du nord, ou de l'est, par exemple, se meuvent, avec des vitesses différentes, dans une direction opposée à ceux du sud et de l'ouest. Sous ce rapport,
les Cumulus, à Mexico, sont bien plus remarquables que ceux
de la Havane. On peut en dire autant des Fracto-cumulus.
Dans cette vallée d'Anahuac, à mesure que le soleil s'élève, les
Fracto-cumulus se précipitent vers le zénith, avec une extrême
vitesse de tous les points à la fois de l'horizon, et là, ils s'entre-
mêlent, ils se refoulent, ils tourbillonnent sur eux-mêmes,
semblables à une effervescence ou à un bouillonnement prodi-
gieux. On dirait qu'aussitôt que le soleil échauffe la calotte
zénithale, l'air s'y dilate et produit un vide, où se précipite
l'air plus froid de l'horizon. Ce tourbillonnement se produit
dans l'après-midi, peu avant que l'orage éclate. Cette explication se rapproche de la théorie d'Espy sur les vents d'aspira-
tion, qui souffleraient de la circonférence du cyclone des
ouragans vers le centre, où, d'après ce savant, l'air s'en-

gouffre et s'élève par l'effet d'une dilatation et d'un vide analogues. Nous citons cette coïncidence pour faire mieux saisir
le mouvement des Fracto-cumulus que l'on observe à Mexico
à partir du mois de juillet. Quant à la théorie des ouragans,
nous ne sommes point de l'avis d'Espy, et nous acceptons
celle de Redfield, avec les modifications introduites par
Meldrum [95]. Mais rappelons, avec Hildebrandsson, que Redfield, Reid et Piddington avaient déjà avancé que le mouvement réel du vent dans les cyclones est en spirale : *incur-
ving towards the centre ;* ils considéraient le mouvement
circulaire comme approximativement suffisant dans la pratique. Généralement, lorsque les Fracto-cumulus apparaissent
vers 7 heures du matin, une ou deux heures après ils suivent
la direction du vent de terre. Nous avons observé à la Havane
qu'ils augmentent de vitesse à mesure qu'ils se rapprochent de
la région zénithale, où ils deviennent plus rapides. En suivant
dès le matin les directions et les vitesses des nuages et des vents,
ainsi que les variations de formes des sommités des Cumulus,
on arrive à tracer à l'avance la constitution météorologique
qui devra régner pendant la journée et même le lendemain.
C'est un exemple frappant de la fixité des lois dans la variété
des accidents et des perturbations.

Les Mexicains se flattent d'être un peuple *sui generis ;* dès
lors, ils ont un patriotisme profondément enraciné dans le
cœur, et une constitution de nuages des plus bizarres, sur le
plateau de Mexico. Tous les nuages, excepté les Fracto-cumulus, qui se précipitent au zénith, ont une lenteur vraiment
désespérante. Si à cela on ajoute leur direction multiple, un
observateur doit avoir beaucoup de temps à perdre et une
patience éprouvée avant qu'il puisse se rendre compte de l'état
atmosphérique. Nous en parlons d'après notre propre et pénible expérience de neuf mois d'études assidues.

IV. — *Rotation azimutale des nuages.*

Dès 1851, nous découvrîmes à la Havane une rotation azimutale dans le vent de surface, ainsi que dans les Fracto-cumulus. Nous n'avions pas alors connaissance de la loi de Dove sur la giration du vent. En 1862, nous remarquâmes que les Cirrus et les Cirro-cumulus décrivent une rotation analogue. La confirmation de cette loi repose aujourd'hui sur 800,000 observations cubaines, faites le jour et la nuit, et que nous avons analysées. En 1864[98], nous démontrâmes, d'après 280,320 observations horaires, vérifiées en 1863 à l'Observatoire de la Havane, que la loi de Dove est parfaitement applicable aux nuages; que c'est même le mouvement rotatoire des nuages qui détermine la rotation du vent inférieur, et modifie l'ensemble des phénomènes météorologiques.

Dove[97] formula, en 1827, la loi suivante, de la giration des vents sous les deux hémisphères, lorsque les courants polaires et équatoriaux se succèdent l'un à l'autre : 1° dans l'hémisphère nord, le vent tourne en général autour du compas dans la direction S., O., N., E., S. Les exceptions à cette règle sont plus fréquentes entre le S. et l'O. et entre le N. et l'E. qu'entre l'O. et le N., ou entre l'E. et le S. ; 2° dans l'hémisphère sud, c'est l'inverse : le vent tourne dans la direction S., E., N., O., S. Les exceptions sont plus fréquentes entre le N. et l'O. et entre le S. et l'E. qu'entre l'O. et le S., ou entre l'E. et le N. ; 3° l'influence du vent sur les phénomènes météorologiques, combinée avec la loi de son changement, accuse deux moitiés de compas opposées sous tous les rapports, la région de l'est et celle de l'ouest, où les variations atmosphériques présentent avec les instruments une correspondance parfaite. Cette loi de Dove conduit forcément à la *prévision scientifique*.

Maintenant, si la rotation des nuages, depuis les Cirrus jusqu'aux Fracto-cumulus, depuis 20,000 mètres jusqu'au sol, obéit réellement à la rotation des vents de surface, nos prévisions acquièrent une plus grande certitude.

En 1863, le vent a décrit à la Havane 23 rotations azimutales conjointement avec les Fracto-cumulus, ceux-ci 25, les Cirro-cumulus 18, et les Cirrus 17. Les deux rotations du 29 juin et du 19 octobre dans les Fracto-cumulus n'ont point été accompagnées de celles du vent.

Parfois, on remarque que toutes les couches de nuages, jusqu'aux Cirrus, complètent leur rotation au nord le même jour et à la même heure. D'autres fois, c'est le plus grand nombre de cas, le vent anticipe sur les Fracto-cumulus, ceux-ci sur les Cirro-cumulus, et ces derniers sur les Cirrus, c'est-à-dire de bas en haut, au lieu d'être de haut en bas. Ce fait paraît contredire l'hypothèse que les courants supérieurs déterminent, de proche en proche, le passage, sous le même parallèle, des courants inférieurs jusqu'aux vents de surface. Mais c'est que les courants sont inclinés et forment à peu près un angle de 45° avec la surface du sol, de sorte qu'ils se font sentir premièrement sur un point plus au nord, s'abaissent par degré jusqu'à atteindre tous les points de leur parcours vers le sud, où ils sont passés au-dessus, jusqu'à leur extinction naturelle ou produite par le choc d'autres courants opposés. Cette apparition du courant inférieur avant le courant supérieur est surtout fréquente dans les basses régions. Elle s'est présentée quinze fois contre quatre seulement entre le vent et les Fracto cumulus, et quatre autres fois simultanément. Dans les hautes régions, six fois contre cinq, les Cirro-cumulus ont apparu avant les Cirrus, et, dans trois autres cas, à la fois. Les Fracto-cumulus, à leur tour, ont anticipé onze fois contre deux sur les Cirro-cumulus, et deux autres fois ils ont paru en même temps.

La durée de chaque rotation a considérablement varié en 1863, de la manière suivante :

	Jours.	Heures.		Jours.	Heures.
Pour les Cirrus, de.	5	5	à	49	11
Pour les Cirro-cumulus, de.	3	8	à	62	5
Pour les Fracto-cumulus, de.	3	3	à	36	22
Pour le vent, de.	4	0	à	71	9

Voici la distribution mensuelle des 83 rotations azimutales observées en 1863 à la Havane :

	Vents.	Fracto-cumulus.	Cirro-cumulus.	Cirrus.
Janvier.	5	5	3	1
Février.	2	2	1	1
Mars.	3	3	3	2
Avril.	2	2	1	2
Mai	3	3	0	0
Juin	0	1	3	3
Juillet	0	0	0	0
Août.	2	2	2	2
Septembre . . .	1	1	1	1
Octobre.	1	2	3	3
Novembre . . .	2	2	1	2
Décembre . . .	2	2	0	0

Le mois de mai n'a pas offert de rotation dans les hautes couches des Cirrus et des Cirro-cumulus, mais les Fracto-cumulus et le vent éprouvèrent trois rotations simultanées. Le contre-alizé ou courant équatorial s'est maintenu tout le temps du S.-O. La même circonstance s'est présentée au mois de décembre, avec deux rotations simultanées dans les basses régions. Au mois de juillet, il n'y eut point de rotation dans aucune des couches de l'atmosphère. Les courants se portèrent principalement du N.-E. à l'E. A cette époque du solstice d'été, le soleil est sur le tropique du Cancer, et la direction maximum des courants coïncide au N.-E. dans toute la profondeur de l'atmosphère. Il est à remarquer que le second

minimum des rotations tombe à l'équinoxe d'automne, lorsque
le soleil retourne à l'équateur, à raison d'une seule rotation
dans chacune des quatre couches atmosphériques. Ces deux
minima de rotations azimutales coïncident avec les deux
minima annuels que nous avons déjà signalés dans la pression
barométrique.

La plupart des rotations du vent correspondent avec une
autre rotation dans les Fracto-cumulus ; celles des Cirro-cumulus sont plus rares et correspondent moins avec les premières,
et enfin celles des Cirrus s'en éloignent bien plus. Le nombre
de rotations paraîtrait diminuer à mesure que l'on s'élève dans
l'atmosphère, en même temps que le diamètre du tourbillon
ou du cyclone augmenterait.

Quelle que soit la régularité de la circulation du vent et des
nuages sous les tropiques, et quel que soit aussi le soin que
l'on apporte à l'étudier, elle n'est pas exempte des perturbations qui masquent un peu l'instant précis du commencement
et de la fin de chaque rotation. L'alizé de S.-E., les vents variables et la configuration du sol sont au nombre des perturbateurs
généraux. Les brises de terre et de mer, la couche des Pallio-
cumulus, qui se prolonge plus ou moins de temps et recouvre
celle des Pallio-cirrus, l'inclinaison des nuages dans l'espace,
leur transformation accidentelle et subite, constituent les perturbateurs locaux.

Nous soupçonnons encore l'existence d'une grande rotation
annuelle qui imprimerait le cachet des variations atmosphériques dues au mouvement de translation de la Terre, de même que
les rotations mensuelles seraient plus particulièrement dépen-
dantes du mouvement de rotation de notre planète. Cette rotation annuelle paraît, en 1863, commencer et terminer au N.
pour les Cirrus en octobre, pour les Cirro-cumulus en novembre, pour les Fracto-cumulus en décembre, et pour le vent
en janvier. Le courant supérieur aurait employé un mois pour

accomplir sa rotation d'une couche à l'autre, en se rapprochant toujours vers la surface du sol, et trois mois à l'atteindre.

Le lieutenant Maury[99] prétend que les vents alizés sont tellement *constants* et *uniformes* que leur direction ne change pas plus que le courant du Mississipi. Nous croyons, au contraire, que les alizés se déplacent périodiquement sous l'influence du déplacement également périodique des courants polaires et équatoriaux des deux hémisphères. Ces déplacements sont dus à des influences solaire et cosmiques encore inconnues.

Les Pallium limitent l'étendue des courants généraux inférieurs de la région de l'est, et des courants généraux supérieurs de la région de l'ouest ; les premiers ne s'élèvent point au-dessus de la couche du Pallio-cumulus, tandis que les seconds ne descendent pas au-dessous de la couche du Pallio-cirrus. Lorsque ces deux courants antagonistes et opposés se rencontrent à cette limite, ils s'entre-choquent et se déplacent dans la direction du courant vainqueur. Si c'est le courant polaire qui a le dessus, le courant équatorial, dans l'hémisphère nord, se déplace suivant une rotation directe ou avec le soleil, de l'O. à l'E. par le N. ; si, au contraire, le courant équatorial l'emporte, la rotation est rétrograde ou contre le soleil, de l'E. à l'O. par le S. Dans l'hémisphère sud, l'inverse a lieu. Nous avons dit qu'à la Havane le courant polaire de N.-O. déplace toujours le courant équatorial, du S.-O. au N.-E. par le N., à chaque rotation azimutale du vent de surface et de toutes les couches de nuages. La violence avec laquelle le courant tourne par l'O. du S.-O. au N.-O., et la vitesse avec laquelle le baromètre remonte, prouvent qu'il y a un mouvement centripète et circulaire, dont le centre passe au nord de la Havane.

Les orages et les grandes averses ont lieu à l'instant où la rotation du vent, des Fracto-cumulus et du courant équatorial des Cirrus coïncide simultanément au S.-O. Généralement on aperçoit au-dessus une couche compacte de Pallio-cirrus, en regard d'une seconde couche inférieure de Pallio-cumulus. Mais, aussitôt que le vent et les Fracto-cumulus tournent à l'O., puis au N.-O., l'orage commence à se dissiper et le baromètre remonte. Finalement, lorsque toutes ces rotations atteignent le N., le temps se rétablit. La couche de Pallio-cumulus se déchire, et les fragments, ou Fracto-cumulus, continuent à chasser du S.-O., puis ils tournent aussi au N. La couche supérieure de Pallio-cirrus se comporte de la même manière et disparaît à son tour. Tel est le caractère de chaque rotation.

La rotation azimutale des nuages et, d'une manière générale, des courants atmosphériques, jusqu'à la région des Cirrus, est une conséquence rigoureuse de la forme sphéroïdale et de la rotation de notre planète. Elle s'explique par les différences que l'on observe entre les vitesses de la rotation de l'air et les vitesses de la rotation de la surface de la terre, ainsi que par la permanence des courants. D'après la loi de Dove, le vent et les nuages qui tournent au S., O., N., et E., avec le soleil, démontrent que ces courants sont permanents et qu'ils viennent de latitudes lointaines. C'est pourquoi le courant polaire de N.-O., situé plus au N., déplace toujours, à la Havane, le courant équatorial au côté O. de la rose des vents. Par conséquent, l'assertion suivante de Dove ne serait pas exacte : « Dans la zone torride, le seul courant atmosphérique que l'on ressente à la surface de la terre est le courant polaire ; il en résulte que l'on ne peut jamais y observer de changement de vent faisant le tour complet du compas. »

Mais, quand on considère la descente des courants supérieurs vers la surface du sol, on conçoit que leur conflit avec les courants inférieurs puisse produire dans la zone torride une rotation azimutale. D'autre part, plus un courant N. s'étend loin et plus il devient E.; et plus un courant S. se prolonge plus il devient O. Par conséquent, un courant de N.-O.

est un courant du N. venant de latitudes plus élevées que celui qui arrive N. jusqu'à nous. De même, un courant de S.-O. est un courant du S. venant de latitudes plus basses que le S. que nous ressentons. Enfin, plus un courant du N. devient N.-E. en se prolongeant, et plus il se dévie vers l'E., puis vers le S.-E. Le courant du sud devenu S.-O. se déviera vers l'O. et le N.-O.

Tel est le fondement de la loi de rotation des vents établie par Dove et que nous retrouvons également dans la rotation de toutes les couches de nuages jusqu'à la région des Cirrus.

Nous savons que Dove n'applique point sa loi de la rotation des vents au contre-courant alizé supérieur, par la raison, dit-il, qu'il conserve sa vitesse équatoriale initiale de rotation invariable, jusqu'au moment où il descend à la surface de la terre. Le courant n'étant pas en contact avec la terre, sa vitesse, ajoute-t-il, ne peut pas être modifiée par elle.

Cependant, quand le courant supérieur souffle du N., sa vitesse polaire initiale de rotation est-elle aussi invariable? Jusqu'à quelle altitude la forme et la rotation de la terre exercent-elles leur influence sur la rotation des courants atmosphériques? L'observation et l'analyse n'ont encore rien résolu. Cependant, Guldberg et Mohn [99] trouvent, par le calcul, que les courants ascendants produisent des vitesses horizontales très-considérables suivant la surface de la terre, tandis qu'elles sont faibles dans les courants descendants; à une certaine hauteur, où l'air entre dans le courant descendant, les vitesses horizontales sont également considérables. Ainsi, les vitesses horizontales sont très-considérables lorsque le courant entre en bas dans les aires de basse pression et en haut dans les aires de haute pression; mais, lorsqu'il en sort en bas et en haut, elles sont faibles. La vitesse horizontale des courants est intimement liée au gradient barométrique.

Si l'on veut se rendre bien compte du déplacement azimutal

d'un nuage, il faut toujours considérer le courant qui l'entraine et dont il accuse l'existence. Ainsi, lorsqu'un nuage disparaît d'une direction quelconque et apparaît ensuite vers une autre direction, c'est que le courant, en se déplaçant, précipite ou congèle, suivant son altitude, la vapeur d'eau sous la forme que le nuage prend. Or, ce n'est pas le nuage en lui-même qui se déplace sous l'état normal de l'atmosphère, surtout ceux du type Cirrus. On voit alors des régions de l'azur du ciel où les nuages apparaissent et disparaissent subitement, suivant que l'humidité et la température du milieu ambiant se prêtent à l'une ou l'autre structure. Seuls, dans les orages et les tempêtes, les grands vents peuvent déplacer les Fracto-cumulus qui longent en dessous la couche du Pallio-cumulus, ou lorsqu'ils flottent à la hauteur des vents de surface.

Il conviendrait d'engager les météorologistes répandus sur la surface de la terre à nous fournir des observations sur la quantité, la direction, la vitesse et la rotation azimutale de toutes les couches de nuages, en dehors de leur structure et de leur forme. Des renseignements analogues à ceux que nous avons obtenus à la Havane nous conduiraient à la vraie connaissance de la *circulation atmosphérique*, fussent-ils même contradictoires sous d'autres latitudes, en vertu des différentes positions géographiques et des conditions orographiques. Nous n'avons point observé, par exemple, à Mexico et San Francisco (Californie), cette régularité frappante que l'on remarque dans la rotation des nuages et du vent sous la latitude de la Havane. Pour mieux établir le mouvement circulaire des courants amosphériques, nous avons éliminé dans chaque rotation tous les nuages de formes transitoires qui auraient masqué la marche de la circulation générale; puis, nous avons éliminé les rotations partielles et isolées du vent qui ne se sont pas étendues à la région des Cirrus, ou du moins à celle des Fracto-cumulus, ainsi que les mouvements locaux provenant des brises.

Tableau des 83 rotations azimutales du vent et des nuages

MOIS.	VENTS.				FRACTO-CUMULUS.			
	ROTATIONS.	JOURS.	HEURES.	DURÉE.	ROTATIONS.	JOURS.	HEURES.	DURÉE
				J. H.				J. H.
Janvier	1	7	11 matin	»	1	7	3 soir	»
—	2	11	1 soir	4 2	2	11	11 matin	3 20
—	3	16	3 soir	5 2	3	16	8 soir	5 9
—	4	20	11 soir	4 8	4	21	8 matin	4 12
—	5	29	1 matin	8 2	5	29	11 matin	8 3
Février	6	3	7 matin	5 6	6	3	3 soir	5 4
—	7	7	7 matin	4 0	7	6	6 soir	3 3
—	»	»	»	»	»	»	»	»
Mars	8	3	9 matin	24 2	8	3	5 soir	24 23
—	9	11	2 soir	7 5	9	12	9 matin	8 14
—	10	25	7 soir	13 5	10	26	Minuit	13 15
Avril	11	1	7 matin	6 12	11	1	7 matin	6 7
—	12	16	3 soir	15 8	12 (²)	16	4 s. NNE	15 9
Mai	13	8	7 soir (¹)	22 4	13	8	1 soir	21 21
—	14	19	10 matin	10 15	14 (³)	19	2 soir	11 1
—	15	23	10 matin	4 0	15	23	6 s. NO	4 4
Juin	»	»	»	»	»	»	»	»
—	»	»	»	»	»	»	»	»
—	»	»	»	»	16	29	4 s. NO	36 22
Août	16	3	7 s. NNO	71 9	17	3	7 soir	35 3
—	17	18	9 matin	14 14	18	19	10 soir	16 3
Septembre	18	20	5 matin	32 20	19	20	5 matin	31 7
Octobre	19	4	Midi	14 7	20	4	8 soir	14 15
—	»	»	»	»	21	19	5 matin	14 9
—	»	»	»	»	»	»	»	»
Novembre	»	»	»	»	»	»	»	»
—	20	15	10 soir	42 10	22	17	1 matin	28 20
—	21	29	7 soir	13 21	23	30	5 matin	13 4
Décembre	22	5	5 soir	5 22	24	5	5 soir	5 12
--	23	18	6 soir	8 5	25	18	7 matin	12 14

(¹) A 7 h. du matin, le vent avait soufflé du N., puis du N.-O. et du N.-N.-O. jusqu'à 7 heures du soir, où il s'est établi définitivement au N.

(²) Cette rotation s'est complétée par la cessation du courant du S.-O. et l'apparition à la fois d'un autre courant du N.-N.-E.

(³) Comme dans la douzième rotation, celle-ci s'est complétée par l'apparition à 2 heures d'une autre couche du N.-E., et la cessation à 4 heures de celle du S.-O., de sorte que les Fracto-cumulus n'ont passé ni par le quatrième quadrant ni au N.

(⁴) Le 31, après quatre jours de *Cirro-cumulus* du S.-O., de 7 heures du matin à 7 heures du soir, ils apparurent du N.-E., puis de l'É., du S.-E. et du S. jusqu'au 1ᵉʳ février à 9 heures du matin; mais comme, durant ce dernier jour, à 5 heures du soir, les Cirro-cumulus reviennent du S.-O., *observées en 1863 à l'Observatoire de la Havane.*

MOIS.	CIRRO-CUMULUS.					CIRRUS.				
	ROTATIONS.	JOURS.	HEURES.	DURÉE. J.	H.	ROTATIONS.	JOURS.	HEURES.	DURÉE. J.	H.
Janvier	1	7	3 soir	»	»	1	5	11 s. NO	»	»
—	»	»	»	»	»	»	»	»	»	»
—	2	17	9 matin	9	18	(7) »	»	»	»	»
—	3	21	8 m. NO	3	23	»	»	»	»	»
—	(4)	»	»	»	»	»	»	»	»	»
Février	»	»	»	»	»	»	»	»	»	»
—	4	6	9 s. NO	16	13	»	»	»	»	»
—	»	»	»	»	»	2	24	10 matin	49	11
Mars	5	3	9 soir	25	00	3	4	7 matin	7	21
—	6	12	6 soir	8	21	(8) »	»	»	»	»
—	7	29	12 m. NO	16	18	4	27	11 m. NO	23	4
Avril	8	1	8 soir	3	8	5	1	4 soir	5	5
—	»	»	»	»	»	6	26	7 matin	24	15
Mai	»	»	»	»	»	»	»	»	»	»
—	»	»	»	»	»	»	»	»	»	»
—	»	»	»	»	»	»	»	»	»	»
Juin	9	3	1 m. NO	62	5	7	2	10 soir	37	15
—	10	19	4 m. (5)	16	3	8	19	6 matin	16	8
—	11	27	5 m. (6)	8	1	9	27	5 matin	7	23
Août	12	3	11 soir	37	18	10	4	Minuit	37	19
—	13	22	5 matin	18	6	11	20	5 matin	15	17
Septembre	14	20	7 matin	29	2	12	20	9 matin	31	4
Octobre	15	2	6 soir	12	11	13	2	6 soir	12	9
—	16	19	7 matin	16	13	14	19	9 matin	16	15
—	17	28	7 matin	9	00	15	28	7 m. (9)	8	22
Novembre	»	»	»	»	»	16	8	10 m. NO	11	3
—	18	17	7 matin	20	00	17	20	6 m. NO	11	20
—	»	»	»	»	»	»	»	»	»	»
Décembre	»	»	»	»	»	»	»	»	»	»
—	»	»	»	»	»	»	»	»	»	»

ils sont plutôt des transformations des *Fracto-cumulus* qui suivent la même direction.

(5) De 4 heures à 6 heures du matin, uniquement des *Cirro-cumulus*, puis des *Cirrus* purs.

(6) Cette première heure de *Cirro-cumulus*, puis de *Cirrus*.

(7) Il y a bien eu le 17, de 7 à 9 heures du matin, une apparition de *Cirrus* du N., et le 19, de 7 heures à midi, une autre du N.-E.; mais ils paraissent être des transformations des *Cirro-cumulus*.

(8) Du 16 au 18, il y a une petite rétrogradation de l'O.-N.-O. vers l'O.-S.-O., l'O. et le S.-O., mais qui ne paraît pas constituer une rotation.

(9) Uniquement de 10 heures du matin à 5 heures du soir.

Par l'effet de l'inversion ou du renversement de la température entre la terre et la mer, le soir le vent chasse vers
le sud, et le matin vers le nord. Cette influence est tellement
puissante, dans la circulation générale, qu'elle peut retarder
ou anticiper la rotation du vent, qui se termine au nord, non-
seulement de plusieurs heures, mais encore de 80° à 180° azi-
mutaux. L'action de la brise de mer paraît être plus considérable que celle de la brise de terre; mais ces deux influences
sont bien moins sensibles sur les Fracto-cumulus et les Cirro-
cumulus, surtout lorsque ces derniers sont élevés ; elles n'atteignent point la haute région des Cirrus.

La loi de la rotation azimutale du vent et des nuages ressort,
dans le Tableau qui précède, d'une série de 280,320 observations horaires faites le jour et la nuit, dans chaque quadran,
ou soit 70,080 observations pour toute l'étendue du ciel et
par seize aires de vent. Le Tableau donne l'heure et le jour
du commencement de 83 rotations, ainsi que le nombre de
jours et d'heures qu'elles ont duré, à partir du 1er janvier jusqu'au 30 décembre de l'année 1863.

Pour bien observer et enregistrer les nuages suivant leurs
quatre éléments principaux, il faudrait répéter le Tableau ci-
contre, dans chacune des dix formes fondamentales que nous
avons établies dans notre nomenclature, en ayant égard aux
instructions que nous venons de donner. Ce Tableau n'embrasse que les nuages les plus élevés et les nuages les plus
bas, entre lesquels devront s'intercaler les autres formes distinctes.

Modèle d'un Tableau pour l'enregistrement horaire des nuages.

HEURES	1	2	3	4	5	6	7	8	9	10	11	MIDI	1	2	3	4	5	6	7	8	9	10	11	MINUIT	TOTAUX
CIRRUS (Howard) — Quantité																									
Quadrans 1er	9																								
Quadrans 2e	5																								
Quadrans 3e	1																								
Quadrans 4e	3																								
Direction	S.O																								
Vitesse	t.l																								
Rotation azimutale	N.																								
FRACTO-CUMULUS (Poëy) — Quadrans 1er	1																								
Quadrans 2e	6																								
Quadrans 3e	8																								
Quadrans 4e	2																								
Direction	N.E																								
Vitesse	t.r																								
Rotation azimutale	N.																								
REMARQUES																									

CHAPITRE VI.

On peut reconnaître la nature des nuages par les phénomènes optiques auxquels ils donnent naissance, suivant que
leur constitution intime est plus ou moins liée à un certain
degré d'élasticité de la vapeur d'eau, ou à l'état de vésicules
aqueuses, de congélations neigeuses ou glacées, des couches
correspondant à la formation de chaque forme caractéristique.

Voici quelques faits que nous avons observés à la Havane et
qu'il serait important de vérifier dans d'autres régions :

Généralement parlant, les *Cirrus*, surtout les *Pallio-cirrus*,
donnent naissance au grand halo solaire et lunaire de 22° de
rayon. Lorsqu'il est produit par le Soleil, il peut quelquefois
présenter les sept couleurs du spectre, comme dans l'arc-en-
ciel, quoique d'habitude il n'ait qu'une seule teinte interne
orangée, terminée parfois par un peu de rouge. Au contraire,
le grand halo produit par la Lune est presque toujours blanc,
et seulement quelquefois on aperçoit la même teinte orangée,
mais sans rouge.

Les *Cirro-cumulus* produisent le halo lunaire moyen de 2°
à 4° de rayon, qui peut être triple ou formé de seize anneaux
prismatiques avec la teinte rougeâtre interne. Ce halo est encore plus brillant lorsqu'il a lieu, assez rarement, sur des
Cirro-stratus.

Les *Fracto-cumulus* sont les seuls nuages qui engendrent
non plus des halos, mais des couronnes complètes ou des seg-
ments d'arcs, selon l'étendue des fragments qui traversent le
disque lunaire. Ces couronnes sont également prismatiques,
mais elles ont la teinte bleue intérieurement.

Les *Pallio-cumulus* et les *Cumulus* ne forment plus ni halos,
ni couronnes, mais seulement des arcs-en-ciel solaires et
lunaires.

Nous avons observé à Mexico un phénomène d'optique atmosphérique des plus étranges et des plus magnifiques que l'on
puisse voir, et que nous n'avons jamais vu signalé. Dans la
région zénithale, de 11 à 4 heures de l'après-midi, les Cirro-
stratus, les Cirro-cumulus, et d'autres fois les bords même des
Pallio-cirrus et des Fracto-cumulus, se colorent de mille couleurs éclatantes et entremêlées, sans ordre déterminé. Cette
coloration présente l'aspect parfait d'une mosaïque, semblable
aux murailles et aux vitraux mauresques de l'Alhambra de
Grenade ou de l'Alcazar de Séville. La première fois que
nous observâmes ce spectacle, le 13 juin 1866, à $2^h 15^m$,
nous fûmes saisi d'admiration. Nous ne le vîmes point se
prolonger au delà de 15 minutes. Les couleurs les plus ré-
frangibles à partir du violet et du bleu s'évanouirent les premières et le rouge la dernière. Ces colorations paraissent être
inhérentes à la nature et à la constitution des nuages du
plateau de Mexico; bien plus brillantes sur les Cirro-stratus,
elles s'affaiblissent en passant aux Cirro-cumulus, aux Pallio-
cirrus, puis aux Fracto-cumulus. Elles conservent cependant
sur ces derniers nuages un éclat surprenant. Ce sont des phé-

nomènes de réfraction et de diffraction qui donnent lieu à ces couleurs hérissées. Nous avons encore observé d'autres phénomènes curieux d'optique que nous décrirons autre part.

Pour compléter les rapports entre les halos lunaires et la nature des nuages, voici les résultats auxquels nous sommes arrivé dans nos observations faites à l'Observatoire de la Havane.

Le baron de Humboldt a dit: « La forme des halos et les couleurs que présente l'atmosphère des tropiques éclairée par la Lune méritent de nouvelles recherches de la part des physiciens. [101] » Nous venons donc fixer pour la première fois l'attention des savants sur nos halos tropicaux et surtout sur une nouvelle question que nous n'avons point vue signalée dans les auteurs qui ont étudié à fond les caractères de ce phénomène optique, tels que Bravais. [102]

Nous n'envisagerons ici que la formation des halos lunaires proprement dits qui se montrent au milieu des *Cirrus* et dont la teinte *rougeâtre*, lorsqu'ils sont colorés, occupe la partie interne la plus proche du disque.

C'est à partir de la lunaison de janvier 1859 que nous avons observé avec le plus d'assiduité la formation de nos halos lunaires. Nous avons constamment remarqué trois apparences très-tranchées, tant par leur grandeur que par leur coloration, qui seraient intimement liées à l'altitude et à la constitution des nuages, c'est-à-dire au degré de congélation des vapeurs d'eau répandues dans l'atmosphère. Voici leurs caractères et leurs colorations respectifs.

Petits halos. — Ces halos sont produits par la plus grande élévation des vapeurs congelées, tellement dissoutes, élastiques, et si uniformément distribuées, qu'elles n'altèrent point sensiblement la transparence de l'air. Ils sont les premiers à se constituer seuls ou accompagnés de deux autres ordres de halos, suivant le degré de densité des vapeurs et des *Cirrus* qui entourent la Lune; de sorte que leur absence est une marque certaine du maximum de diaphanéité de l'air. Leur unique coloration en *brun* ou en *roux*, clair ou foncé, ainsi que leur grandeur, est encore intimement liée, soit à la densité des vapeurs d'eau, soit à leur élévation. Leurs dimensions peuvent varier depuis les rebords mêmes du disque lunaire jusqu'à 2° de rayon. On les aperçoit dans toutes les lunaisons. Leur formation est le produit des vapeurs d'eau dissoutes.

Halos moyens. — Ces halos peuvent se produire, soit sous une moins grande élévation ou sous une moindre élasticité des vapeurs d'eau, soit encore sur des couches de *Cirro-cumulus* bien plus basses. Dans le premier cas, ils seront simples, incomplets et imparfaitement colorés, tandis que sur des *Cirro-cumulus* ils peuvent être simples, doubles et même triples. Voici la disposition des anneaux colorés dans un de ces halos triples à partir de l'anneau interne, au contact du disque lunaire : première rangée d'anneaux, *jaunâtre, orangé, rouge* et *violet ;* premier large espace *bleu* et *vert* qui le sépare de la deuxième rangée d'anneaux, *jaunâtre, orangé, rouge* et *violet ;* deuxième large espace *bleu* et *vert* qui sépare la seconde rangée de la troisième, *jaunâtre, orangé, rouge* et *violet.* La disposition suivante de huit anneaux dans le double halo est assez commune : *jaunâtre, orangé, rouge, bleu, vert, jaunâtre, orangé, rouge.* Le halo triple ou de seize anneaux est tellement rare, que nous ne l'avons observé qu'une seule fois, le 12 septembre 1859 ([1]), de 10^h 15^m à 10^h 30^m sans qu'il perdît aucune nuance ; et encore les trois anneaux *violets* manquaient, de sorte qu'en réalité il n'y en avait que treize. Les

---

([1]) Le lendemain 13, à 4 heures du soir, le centre ou *focus* d'une tempête giratoire passa à l'O. de la Havane. Nous avons tracé son parcours à la date du 1er, depuis 45° long. E. et 12° lat. N. jusqu'à New-York, faisant sa courbure le 15 dans le golfe du Mexique, près de Pensola. [103]

anneaux *violets* sont tout aussi rares, puisque nous ne les avons aperçus que deux fois : la première, le 16 avril, à 9 heures, à la campagne, dans un halo double ou de dix anneaux, y compris ces derniers. La seconde fois, le 16 juin, à minuit, dans un halo disposé ainsi : bande interne *blanchâtre*, et les autres *jaunâtre*, *orangé*, *violet*, *bleu*, *vert* et *orangé*. C'est l'unique fois que nous avons observé la bande *blanche* interne. L'absence des anneaux *violets* dans le halo triple et sa présence dans le halo double semblent être une observation digne de remarque. Leurs dimensions peuvent varier de 2° à 4° de rayon. Ces halos moyens à simple série d'anneaux sont visibles dans toutes les lunaisons sur des couches de vapeurs d'eau plus ou moins denses.

Grands halos. — Ces halos se forment sur une couche élevée et uniforme de Cirrus, ou d'un Pallio-cirrus, à texture serrée et passablement dense, quoique parfois on puisse apercevoir par transparence, vers les parties internes, des étoile, de troisième grandeur. Le fond du halo est, soit d'une *blancheur* mate ou de lait, soit blanc de perle ou luisant, soit d'une teinte bleuâtre claire et uniforme, indiquant, dans ce cas, une moins grande densité des Cirrus qui laisseraient passer une certaine quantité de rayons bleus du ciel. Les contours du halo sont toujours d'une plus grande blancheur, soit mate, soit luisante, que les parties internes, mais jamais colorés. Leur dimension est constamment de 22° de rayon. On les voit dans toutes les lunaisons.

Nous devons faire remarquer : 1° que ces trois sortes de halos sont visibles à la fois dans chaque lunaison, et que les deux premiers le sont aussi lorsque le troisième manque ; 2 qu'ils apparaissent également dans l'ordre de leur grandeur, le plus petit le premier, puis le moyen, et ensuite le plus grand ; 3° que cet ordre correspond aussi au degré de transparence de l'air, puisque les deux premiers peuvent se former dans des *Cirrus* ou des *Cirro-cumulus*, bien moins denses que les Pallio-cirrus qui produisent les grands halos.

Quant aux rapports qui peuvent exister entre la formation de ces halos et les phases de la Lune, voici le résultat de nos observations : 1º dans toutes les lunaisons, depuis janvier jusqu'à septembre inclusivement, les grands halos ont toujours apparu dans l'intervalle compris entre le second et le cinquième jour de son premier quartier, mais surtout du troisième au quatrième; 2º uniquement le 9 et le 11 septembre, nous les observâmes le septième et le neuvième jour, ce qui doit être attribué en partie à la grande épaisseur et à la compacité du *Pallio-cirrus;* 3º vers le dernier quartier, nous ne les remarquâmes que dans deux lunaisons : celle d'août, le 16, à $10^h 30^m$, et le 21, à 2 heures du matin; et celle de septembre, le 15, à $11^h 45^m$, et le 16, à $11^h 30^m$. Cependant, jusqu'alors, nous n'eûmes point l'idée de les observer dans le dernier quartier de la lune. Or, il est probable que ces grands halos se forment également dans les deux quadratures. Mais ce qui doit fixer notre attention pour le moment, c'est qu'ils ne prennent pas naissance à la *pleine lune* ni aux environs de cette phase. Ce fait paraît se lier à la circonstance de la dispersion des nuages par l'action du rayonnement calorifique de la Lune, admise par de Humboldt, John Herschel, Arago et autres.

Dans cette hypothèse, la dispersion des nuages par la pleine lune annulerait la formation des halos sous cette phase. La présence du halo que nous avons signalé plus haut, au neuvième jour du premier quartier, et lorsque cet astre était presque dans son plein, ne serait qu'une pure exception à la règle; pendant toute la journée, la nuit et les jours suivants, le ciel a été constamment couvert jusqu'au point d'occulter le soleil. Du reste, c'est avec la plus grande réserve que nous hasardons une simple application d'un fait admis première-

ment par de Humboldt et Herschel, confirmé ensuite par John-
son, Nasmyth, Whewell et J.-P. Harrison. [104]

Nous avons toujours observé aux Antilles, pendant la pleine
lune, que, quand les Fracto-cumulus traversent la région zénithale et avant d'atteindre le disque de notre satellite, ils se
dissipent immédiatement comme s'ils avaient été volatilisés ou
fondus par l'effet de la chaleur. Cette dispersion n'a lieu qu'avec
les plus petits fragments des Fracto-cumulus, ainsi que sur les
rebords des plus considérables.

D.-W. Naill [105] a observé la dispersion remarquable d'un
Fracto-cumulus, par une décharge électrique qui traversa le
nuage et le divisa en petits fragments.

Nous avons placé parmi les *halos* moyens la double et triple
série d'anneaux colorés, par la raison que le *rouge* était plus
proche de la Lune, tandis que c'est le contraire dans les *cou-*
ronnes, dont le *bleu* forme la première teinte interne, ou, en
d'autres termes, le *rouge* en dedans et le *violet* en dehors dans
les *halos*. Mais, par leur formation, soit dans les *Cirro-cumulus*,
soit dans les vésicules de brouillard ou autour de la flamme
d'une bougie, phénomène que nous observons à tout instant
du jour et de la nuit, ils participeraient plutôt des caractères
des *couronnes*. Nous pourrions encore signaler d'autres ano-
malies inexpliquées jusqu'ici qui jettent une grande incertitude
sur la distinction établie par les auteurs entre les *halos* et les
couronnes, mais cela nous entraînerait trop loin.

CHAPITRE VII.

CONSIDÉRATIONS EXPÉRIMENTALES ET SYNTHÉTIQUES SUR LA STRUCTURE ET LA FORME DES NUAGES.

> La courbe décrite par une simple molécule
> d'air ou de vapeur est réglée d'une manière
> aussi certaine que les orbites planétaires, et il
> n'y a de différence entre elles que celle qu'y
> met notre ignorance. LAPLACE.

I. — Action de la pesanteur.

Dans la formation des nuages ou, pour mieux dire, dans leur évolution, on sent, — comme dans tous les phénomènes de la nature, — la nécessité de ramener les propriétés dynamiques des corps à leur structure statique et de rapporter les forces perturbatrices aux forces directrices. La seule modification de structure donne au nuage des propriétés dynamiques qui peuvent s'élever à tous les degrés d'intensité croissante, depuis la forme de ces *Cirrus*, semblables, lorsqu'ils nous réfléchissent les rayons solaires, à la blonde chevelure de quelque nymphe inoffensive, habitante des hautes régions perpétuellement glacées, jusqu'à la forme de ces effrayants *Pallium* qui vomis sent des torrents de pluie et de grêle, et d'où *Jupiter altitonans* nous envoie ses flammes et ses foudres.

Dans chaque formation primaire ou transitoire des nuages, seule la structure a pu varier par l'action tantôt isolée, tantôt successive et parfois simultanée de la *pesanteur*, de la *pression atmosphérique*, de la *chaleur*, de l'*humidité*, des *vents*, de l'*électricité*, etc. Chaque modification fondamentale de structure entraîne, non pas des propriétés dynamiques nouvelles en qualité, mais des propriétés simplement variables en *quantité*. En un mot, la force de la loi directrice *devient de plus en plus perturbatrice*, en passant de la structure des *Cirrus* à celle des *Fracto-cumulus*.

Dans le *degré* d'intensité orageuse des nuages et dans son action sur les couches atmosphériques situées au-dessous, ainsi qu'à la surface du sol, il y a un élément que l'on a jusqu'ici négligé, et qui cependant détermine en grande partie cette puissance dynamique. Cet élément est la *masse* du nuage rapporté à *sa distance du sol*.

Abstraction faite de l'origine effective des mouvements et des forces, soit internes, soit externes du nuage, les lois fondamentales de l'équilibre et du mouvement doivent nécessairement se vérifier dans les nuages orageux, aussi bien que dans un ordre quelconque de phénomènes (sans excepter les phénomènes physiologiques, comme, par exemple, dans l'acte de la contraction par l'irritabilité primordiale de la fibre musculaire). Tous les phénomènes inorganiques ou organiques, résultant de l'appréciation statique ou dynamique, tombent inévitablement sous la dépendance des lois générales de la *Mécanique*, pourvu que l'on puisse y appliquer judicieusement ces lois, d'après les conditions caractéristiques de la constitution des corps et du milieu envisagé.

Les inégales actions perturbatrices et directrices du Soleil et de la Lune doivent être prises en considération dans la formation, le développement et la dissolution des nuages, d'après leurs propres gravitations et la température ambiante, le tout mis en rapport avec le double mouvement de la Terre et l'obliquité du plan de son orbite sur l'axe de rotation. L'action météorologique de ces deux astres, comme agents régulateurs ou perturbateurs, doit être considérée, ainsi que c'est le cas dans les marées, dans la précession des équinoxes, etc., en raison directe de la masse productive, et en raison inverse du cube de la distance au Soleil. L'influence des nuages sur la surface du sol devrait être envisagée sous le mêmerapport que l'influence solaire et lunaire sur les nuages. Les nuages, par leur suspension à la fois libre et instable dans un milieu gazeux, obéissent à deux gravitations, l'une céleste et l'autre terrestre. La résultante de leurs trajectoires doit être cependant déterminée par la rotation diurne de la Terre qui les entraîne avec elle. Comparant la petite distance qui sépare les nuages dè la surface du sol avec l'immense intervalle qui les éloigne de la Lune et surtout du Soleil, la surface terrestre doit exercer une action bien plus prépondérante que celle de ces deux planètes. Ensuite, la topographie et la constitution minéralogique du sol, qui ne sont pas moins soumises aux lois de la pesanteur, influent également sur la distribution et l'intensité des orages.

Le rôle de la température, par rapport à la constitution statique et dynamique des nuages orageux, c'est-à-dire quant à leur structure et à leur activité, n'est pas moins important que celui que déterminent les lois de la gravitation. C'est après ces premières considérations que l'on doit passer à l'examen de l'influence thermométrique, suivant le degré de complication et de particularité des phénomènes que l'on envisage. C'est ainsi que la tension électrique que les nuages peuvent acquérir est en raison inverse du carré de leur éloignement du sol et en raison directe de leur masse, de la diminution de la pression et de l'abaissement de leur température. Chacune de ces questions devra être isolément considérée, afin de pouvoir embrasser l'ensemble des conditions qui influent sur l'électrisation des nuages orageux.

II. — *Action de la chaleur.*

Il nous semble judicieux d'envisager l'étude de la distribution interne et externe de la chaleur propre aux nuages, de la même manière que l'on envisagerait l'étude thermologique d'un milieu quelconque, suivant les lois établies par Fourier. [106]

On doit considérer deux points distincts : *la théorie de l'échauffement et du refroidissement*, puis celles des *modifications* dues à l'échauffement ou au refroidissement que les corps éprouvent. Dans le premier cas, il faut encore envisager deux autres actions, suivant que les corps agissent *à distance* ou bien *au contact* : la chaleur rayonnante du Soleil sur le nuage et de celui-ci sur la Terre, sous son double angle de réflexion et d'incidence, et même de réfraction; ensuite, la conductibilité de la chaleur par rapport à la surface entière du nuage, ainsi que par rapport à deux nuages qui se trouvent en présence l'un de l'autre à des distances plus ou moins considérables.

L'intensité de l'action thermique du Soleil à la surface du sol dépend de trois conditions générales, qu'il importe de bien distinguer. Elle est d'abord évidemment diminuée par la plus grande distance et la plus grande déclinaison de l'astre solaire ou du nuage. La loi générale suppose habituellement que ce décroissement a lieu en raison inverse du carré des distances. La seconde est celle de l'influence de la *direction* de *surface*, soit du corps échauffant, soit du corps échauffé. Cette loi plus sûrement connue, d'après les expériences de Leslie [107] confirmées par la théorie mathématique de la chaleur rayonnante créée par Fourier, [108] est que l'intensité de l'action varie proportionnellement au sinus de l'angle que les rayons de chaleur forment avec chaque surface. Enfin la troisième condition résulte de la différence de température entre les deux corps. Mais, ici, il faut considérer le cas dans lequel, cette différence de température n'étant pas très-grande, l'intensité du phénomène lui est exactement proportionnelle : au contraire, la loi est différente et inconnue quand les températures sont très-inégales.

Quant à la propagation de la chaleur au contact, les températures ne pouvant être fort inégales, la loi de la proportionnalité de l'intensité d'action et de la différence des températures pourrait être regardée comme l'expression exacte de la réalité. Telle est la seule loi certaine relative à ce cas de la communication de la chaleur.

D'après les difficultés et le nombre de questions, non encore résolues, que présente l'étude abstraite et surtout concrète de la chaleur, on conçoit l'importance de cette branche de la Physique, qui se rattache aux manifestations météorologiques es plus compliquées, sur la chaleur *solaire*, *diffuse*, *rayonnante* et *transmise*.

III. — *Action de l'électricité.*

Dans l'étude de la constitution électrique des nuages orageux, de même que dans les autres branches de la science, on doit d'abord considérer le cas *statique* du cas *dynamique*. La *statique électrique* envisage la répartition de l'électricité dans la masse du nuage à l'état d'équilibre, en attachant à cette expression un sens analogue à celui dans lequel Fourier pre naît l'équilibre de chaleur, et entièrement indépendant de toute hypothèse mécanique ou physique sur l'équilibre d'un prétendu fluide électrique. La *dynamique électrique* a pour objet l'étude des mouvements qui résultent de l'électrisation.

Peltier [109] est le seul physicien-météorologiste qui ait parfaitement senti la nécessité de recourir à cette distinction fondamentale dans l'étude générale des phénomènes électriques. Ce principe a souvent été pressenti par d'autres savants ; mais, conçu isolément et surtout appliqué à la recherche des causes intimes, il a dû paraître insuffisant et être délaissé comme étant impraticable.

Peltier a démontré qu'un nuage n'est pas constitué comme une sphère métallique, terminé par une surface unie, comme le sont nos boules de cuivre, qui ont toute leur électricité à la périphérie ; sa tension électrique n'est point également répartie autour de lui, et par conséquent l'électricité qui l'enveloppe et lui forme une sphère extérieure n'est qu'une portion de la masse totale qui renferme le nuage. Cette sphère extérieure se reproduit après chaque décharge, au détriment des quantités coercées par chacun des corps ou corpuscules qui concourent à former le nuage entier.

Le nuage est donc ainsi composé : les globules, opaques ou transparents, sont groupés par petits flocons, ayant leurs limites et leurs sphères d'action comme les globules eux-mêmes. Les petits flocons, en se groupant, forment des flocons plus gros, ceux-ci des mamelons ; un certain nombre de mamelons, par leur réunion, forment une muelle, les muelles à leur tour forment des nuages définis ; le groupement de nuages définis forme un Fracto-cumulus, ou un Cumulus, et plusieurs Fracto-cumulus un Pallium. Pour bien comprendre les phénomènes électriques des nuages, il faut s'habituer à les concevoir comme formés d'une foule d'*individualités*, ayant toutes leurs sphères électriques particulières et indépendantes, en équilibre de réaction entre elles, et en équilibre aussi de réaction avec la sphère générale extérieure de nuage.

Il en résulte qu'un nuage a deux sortes de tensions électriques, deux forces avec lesquelles il agit sur l'atmosphère ambiante et sur les corps voisins : l'une appartient à la quantité d'électricité *accumulée à la périphérie*, l'autre à la quantité d'électricité *coercée autour de chaque particule*. La première tension, restée libre à la surface du nuage, peut être dite *dynamique*, par la plus grande énergie de son action, et produit les décharges ignées de la foudre; l'autre, retenue autour de chaque molécule de vapeur, nommée *statique*, par sa plus faible intensité, n'agit que par des effets d'attraction et de répulsion et de simple rayonnement. Le premier terme représente assez bien l'idée des mouvements qui résultent de l'électrisation, pendant que le second terme détermine la répartition de l'électricité dans la masse du nuage, envisagée à l'état d'équilibre.

Ce n'est que par cette méthode que l'on parviendra à bien concevoir les différentes manifestations statiques et dynamiques des nuages, telles que le roulement du tonnerre, les éclairs, les éclairs sans tonnerre, le tonnerre sans éclairs, la foudre ordinaire et la foudre sphéroïdale, la puissance énorme d'attraction de certains nuages, etc. Dans deux mémoires étendus, nous avons tâché, d'après ce principe, de rendre compte des éclairs sans tonnerre [110] et du tonnerre sans éclairs; [111] nous avons également rattaché la foudre en boule à la nouvelle propriété sphéroïdale de la matière découverte par Boutigny d'Evreux.

Aux considérations de Peltier nous devons ajouter d'autres preuves convaincantes sur la similitude non complète des nuages avec un corps métallique plus ou moins sphérique, et par conséquent sur l'impossibilité d'envisager strictement l'équilibre électrique d'un nuage, d'après la loi de Coulomb [1] sur l'équilibre électrique dans un corps isolé. Les études microscopiques de Peltier sur les prétendues vésicules des vapeurs, soit au milieu d'un brouillard, soit au-dessus de l'eau chaude, lui ont fait voir que ces petits corps sont *mamelonnés* et non lisses, comme doivent être des vésicules. En les observant sous un rayon lumineux, il vit qu'elles ne réfléchissent pas la lumière spéculairement, mais qu'elles la *dispersent*, et que leur aspect est *mat* et non brillant. Les vésicules de vapeurs, qui constituent les nuages, ne sont pas *parfaitement* sphériques, mais elles affectent plutôt la forme *sphéroïde*. On comprend maintenant que la répartition de l'état électrique à la surface d'un nuage ne peut être uniforme comme elle le serait sur une sphère parfaite; mais qu'elle le sera comme dans le cas d'un sphéroïde, où la réaction électrique est plus considérable aux extrémités du grand axe, et moindre aux extrémités du petit axe : la différence entre les deux réactions étant d'autant plus considérable qu'il y aura plus de différence entre la longueur des deux axes, d'après la loi de Coulomb.

Ainsi, les vésicules des nuages peuvent être considérées dans leur individualité, suivant les caractères physiques de leur surface, comme des sphéroïdes, pleins ou vides, peu importe dans le cas actuel, qui présenteraient non-seulement une réaction électrique plus grande à l'extrémité du grand axe, mais encore sur toute leur surface, d'après le degré de rugosité et la différence de longueur des deux axes. Les mamelons, qui recouvrent la surface des vésicules de vapeurs, agiraient comme de véritables pointes très-courtes, très-fines et très-parfaites. Cette action est analogue à la propriété conductrice qu'exercent les corps incandescents, c'est-à-dire non pas au moyen des produits de leur combustion, mais en vertu d'un état particulier de leur surface, qui se conduit comme si elle était recouverte de pointes très-fines. L'analogie entre le mode d'ac-

tion de ces corps et celui des pointes a été reconnue par Riess.
C'est encore par l'action de pointes analogues très-courtes,
mais très-parfaites, que, d'après une ancienne expérience, on
réussit à décharger un conducteur électrisé en lui présentant
à distance un morceau d'amadou fait avec l'agaricus du chêne,
sans avoir même besoin de l'allumer, ce qui tient aux pointes
à peine visibles dont toute la surface de cette espèce d'amadou
est recouverte. Il est facile de s'assurer de l'existence, dans un
corps en combustion, de pointes semblables qui se détruisent
et se renouvellent constamment. [113]

Si des sphéroïdes plus ou moins allongés se comportent, aux
extrémités de leurs axes et sur toute leur surface, à la manière
des pointes, par où la réaction électrique trouve un libre passage (d'après sa densité plus ou moins considérable et la résistance du milieu), on comprend pourquoi les innombrables
cristallisations, depuis les plus fines aiguilles jusqu'aux plus
volumineux grêlons, qui flottent dans les nuages, doivent
présenter autant de pointes très-parfaites, dont l'action et la
réaction continues détruisent et rétablissent alternativement
l'équilibre électrique.

C'est à l'aide d'un rayonnement électrique de cette nature,
uni à l'état hygrométrique des grêlons, que Peltier a pu se
rendre compte de leurs formes rayonnées, de leurs boutons,
de leurs épines, de leurs arêtes, de leur multitude d'aspérités, et en général de leurs diverses évolutions et transformations de formes, dont Volta n'a pas tenu compte dans sa
théorie. Qui sait si ces innombrables décharges, à l'aide des
pointes qui recouvrent la surface des sphéroïdes aqueux, n'ont
pas quelque influence, jusqu'ici inconnue, sur la production
des météores lumineux dont on attribue l'origine à des effets
de réflexions et de réfractions des rayons solaires sur les vésicules de vapeurs, en les supposant plutôt vides que pleines?
Mais peut-être cette hypothèse pousserait-elle trop loin l'action

de ces pointes, et l'identité de ces deux sortes de phénomènes.
L'idée qui nous a conduit à envisager cette hypothèse ressort de
la considération de l'expérience de Dove, [1] qui a trouvé que
les éclairs les plus prolongés en apparence étaient formés de
la succession de décharges électriques, dont la durée ne repré-
sentait, pour chacune d'elles, aucune fraction appréciable du
temps dans lequel le cercle de Busalt accomplissait une révolution, savoir une tierce, dans des circonstances favorables.
De cette expérience, on peut déduire, en termes généraux,
que toute décharge électrique est formée de la succession
d'une multitude de décharges partielles qui deviennent à la
fois lumineuses.

D'après l'ensemble de ces considérations, la remarque que
nous avons faite plus haut — sur l'impossibilité d'envisager
la répartition de l'équilibre électrique sur des surfaces métalliques et continues, comme étant identique à celle qui a lieu
à la surface des nuages — nous paraît être confirmée. En
outre, il est facile de voir que chaque sphéroïde aqueux, aussi
bien que chaque flocon, chaque mamelon, chaque muelle,
chaque nuage défini, en un mot, ayant des surfaces indivi-
duelles et collectives, recouvertes et entourées d'aspérités mobiles, offre une résistance constante à l'équilibre électrique,
qui ne peut jamais s'établir d'une manière complète sur la périphérie de ces masses nuageuses; car la répartition uniforme
de l'équilibre électrique ne peut avoir lieu qu'à la surface
d'une sphère parfaite. De même, la forme sphéroïde de chaque
vésicule de vapeur, aussi bien que les aspérités et les échancrures mobiles des flocons, des mamelons, des muelles et des
nuages définis, s'oppose également à l'équilibre électrique des
parties internes du nuage, d'après la loi de Coulomb. De là
cette foule d'*individualités* dont le nuage se compose, ayant
toutes leurs sphères électriques, particulières et indépendantes,
en équilibre de réaction avec la sphère générale du nuage.

C'est à cet état particulier de l'intérieur du nuage que nous avons donné le nom de réaction *statique*.

Quant à la couche périphérique du nuage, elle ne peut se trouver, dans aucune circonstance, à l'état d'équilibre parfait, pas plus que les parties internes, car il faudrait, d'après la loi de Coulomb, que le nuage pût conserver son électricité, en restant à l'abri des influences extérieures. La figure de la couche résulterait alors de l'équilibre des forces répulsives de toutes les molécules qui la composent, en les supposant soumises à la loi de l'inverse du carré. Il faudrait, en outre, qu'elle ne pût exercer ni une attraction, ni une répulsion, ou, en d'autres termes, aucune action sur un point quelconque placé dans l'intérieur du nuage. Car, l'action et la réaction électriques ayant lieu de la surface à l'intérieur et de ce point à la surface de nouveau, l'équilibre serait rompu, ce qui n'est pas le cas d'après les expériences de Coulomb sur des corps conducteurs isolés. Ainsi l'équilibre ne pourrait subsister dans un nuage qu'autant que la résultante de toutes les forces répulsives sur un point intérieur serait égale à zéro.

Laplace [115] a donné la condition qui doit être remplie pour que l'attraction d'une couche déterminée par deux surfaces à peu près sphériques soit égale à zéro, relativement à tous les points intérieurs. Si l'épaisseur de cette couche était très-petite, la distribution de l'électricité à la surface d'un sphéroïde serait peu différente de celle qui aurait lieu sur une sphère. Mais cette condition, déterminée par Laplace dans le cas qu'il présente, n'est nullement applicable aux nuages orageux. Plus le nuage est orageux et plus l'épaisseur des couches périphériques est considérable, en vertu des grandes accumulations d'électricité qui se portent constamment du centre à la circonférence.

Toutes ces propriétés, que présentent les conducteurs et les surfaces métalliques unies et isolées, ne sont sensibles ni sur aucune des surfaces de chaque individualité des particules vésiculaires, ni sur leur agglomération en groupes distincts, ni sur leurs surfaces générales, dans un milieu plus ou moins conducteur, qui se trouve constamment troublé par des actions et des réactions électriques de différente nature. Dès l'instant qu'un nuage, plus ou moins orageux, s'est constitué, l'équilibre électrique a été rompu, et il ne peut être rétabli que par la *disparition du nuage même*. Tous les nuages étant plus ou moins électriques, ils sont aussi plus ou moins orageux. De sorte que le degré d'électrisation, la tension de leurs action et réaction électriques, la nature et l'intensité de leurs manifestations et des météores qu'ils engendrent, ne sont que de simples variations en *quantité* et non en qualité; variations dues à la *masse* et à la *forme* de la matière mise en mouvement, et par suite à la masse et à la forme de l'état électrique, inséparable de la matière pondérable elle-même.

Ce fait résulte d'une application simple, mais exacte, des lois découvertes par Coulomb, Poisson et Plana, sur la répartition de l'équilibre électrique à la surface des corps, et sur les rapports existant entre l'épaisseur de la couche électrique et les forces qui en émanent. Le calcul sur cette dernière question, repris par Plana en 1845, après Poisson, est complétement indépendant de la cause, quelle qu'elle soit, qui retient l'électricité libre à la surface des corps conducteurs.

Après avoir déterminé le caractère de l'équilibre électrique dans les nuages orageux, il ne nous resterait plus qu'à considérer la répartition de cet état électrique à la surface des nuages, selon les formes qu'ils affectent. Ici, comme dans le cas précédent, c'est encore aux lois physiques découvertes par Coulomb et aux lois mathématiques formulées par Laplace, par Poisson [116] et par Plana, [117] que l'on doit recourir, si l'on veut se faire une idée exacte de la réaction électrique dans les nuages orageux. Ces lois se rapportent à la détermination de l'épaisseur de la couche électrique sur les différents points de la surface d'un corps conducteur d'une forme quelconque, ainsi qu'aux forces qui en émanent.

On sait que la réaction électrique est tellement considérable à l'extrémité d'une pointe, que l'électricité s'en échappe pour se porter à travers l'air, vers les corps les plus voisins, ou pour se répandre dans l'atmosphère. Ce remarquable pouvoir des pointes, découvert par Franklin, est une conséquence naturelle de la répartition de l'état électrique, d'après la forme des corps pointus. Il s'ensuit que la réaction électrique est plus considérable aux extrémités des deux axes d'un ellipsoïde, à l'extrémité d'un cylindre, d'un corps prismatique, vers les crêtes vives d'un corps anguleux, au sommet d'un cône, aux extrémités d'une série de sphères en contact, d'égale grandeur; mais si les sphères en contact vont en diminuant de grandeur, à partir d'une extrémité à l'autre, la réaction électrique va en augmentant depuis la plus grosse jusqu'à la plus petite, où elle est la plus considérable; finalement, la répartition de l'état électrique n'est *uniforme* que sur une surface parfaitement sphérique. Coulomb a démontré que la nature des surfaces n'exerce aucune influence sur cette répartition de l'état électrique, mais qu'elle dépend uniquement de leur *figure* et de leur *grandeur;* seulement, l'état électrique que prend chaque surface est plus ou moins persévérant et se manifeste avec plus ou moins de rapidité, suivant le degré de conductibilité. En résumé, on peut considérer une pointe comme étant l'extrémité ou d'un ellipsoïde ou d'un cylindre très-allongé, ou même d'une série de sphères en contact, dont les dimensions vont graduellement en décroissant.

Maintenant, l'étude de la répartition de l'état électrique à la surface des nuages doit être préalablement considérée au point de vue de leur *figure*, de leur *grandeur* et de leur *masse*, puisque cette répartition, sa tension inégale ou uniforme, ainsi que les rapports qui existent entre l'épaisseur de la couche électrique et les forces qui en émanent, dépendent de ces trois éléments.

Les filaments et les bandes des *Cirrus*, les petites aigrettes filamenteuses, stratifiées et serrées des *Cirro-stratus*, les flocons moutonnés ou pommelés des *Cirro-cumulus*, les mamelons arrondis et des plus bizarres des *Cumulus*, enfin les couches nuageuses et plus denses, étendues, ou à bords bien circonscrits, des *Pallium*, nous fournissent une multitude de formes, de grandeurs, de masses diverses propres à la détermination de la répartition de l'état électrique sur leur surface, d'après la seule inspection visuelle. A plus forte raison, cette répartition est-elle facile à saisir, dans une exploration expérimentale, basée sur l'ensemble des lois énoncées.

Par exemple, lorsque l'électricité tend continuellement à se porter vers la périphérie du nuage, où elle exerce, sans s'y accumuler en entier, une pression du dedans au dehors, à laquelle résiste la pression atmosphérique, il est facile de voir *à priori* que la couche électrique sera plus ou moins dense, ou que l'état électrique sera plus sensible sur les contours du nuage suivant qu'ils seront plus ou moins arrondis, anguleux ou coniques. La pression que l'électricité y exerce est en raison composée de l'épaisseur de la couche et de la force répulsive de la surface, ou proportionnelle au carré de l'épaisseur. De sorte que la pression électrique contre l'air se trouve très-différemment distribuée sur les parties saillantes de la périphérie, suivant la forme du nuage, de laquelle dépend l'épaisseur de la couche. Elle peut même devenir considérable sur quelques points, par rapport à d'autres, d'un état électrique plus faible. Lorsque cette pression surpasse, dans quelque partie de la périphérie du nuage, la résistance que l'air lui oppose, alors l'air cède et la force électrique s'échappe comme par une ouverture, en produisant des éclairs ou la chute de la foudre. Entre l'éclair et la foudre, on conçoit toutes les manifestations intermédiaires et inhérentes à l'épaisseur de la couche et aux forces qui en émanent, aux pointes plus ou moins rayonnantes dont la périphérie est recouverte, à la nature et au degré de conductibilité du milieu interne et externe. Ces phénomènes secondaires donnent lieu à la formation des éclairs sans tonnerre, des tonnerres sans éclairs, des diverses formes d'éclairs, des différentes intensités du tonnerre, de la foudre sphéroïdale, etc. Nous ferons remarquer, avec Peltier, que les nuages orageux, étant terminés ordinairement par des échancrures, agiraient avec plus d'énergie sur l'air par leur rayonnement que par leur tension, si leur structure spéciale ne s'opposait à un rayonnement trop accéléré, et si cette même structure ne faisait pas prédominer quelquefois les efforts de la tension statique de l'électricité. Mais l'effet le plus ordinaire des nuages orageux est de produire au-dessous d'eux des courants fuyant du centre à la circonférence, comme nous le verrons à l'instant, et rarement marchant de la circonférence au centre. Enfin, l'état de tension et d'aspérités rayonnantes peut se concevoir de telle sorte que l'air, à quelque distance, reste calme, et qu'il n'y ait d'agité que la portion touchant immédiatement le corps. Peltier a pu reproduire successivement ces diverses manifestations.

Lorsque l'électricité s'écoule par une pointe, cet écoulement est toujours accompagné d'un mouvement de l'air qui est semblable à celui d'un souffle frais et qui a été nommé *vent électrique*. Ce vent peut être rendu sensible en étant dirigé contre la flamme d'une bougie, contre les ailes d'un petit moulin de carton qu'il fait tourner, contre la poudre de lycopode placée sur l'eau, qu'il chasse devant lui. C'est à cette agitation de l'air, ou plutôt à la répulsion que le courant électrique qui le traverse exerce sur celui de la pointe d'où il sort, qu'est due la rotation du moulinet électrique. Le vent électrique favorise en outre le refroidissement et la vaporisation des liquides. Cette remarque, faite depuis longtemps par plusieurs physiciens, a été constatée par Peltier[118] d'une manière exacte. Il est évident que la transmission rapide de l'électricité à travers des conducteurs imparfaits, tels que l'air, tend à faire écarter les unes des autres les particules. On remarque très-bien cet effet quand on étudie, dans l'obscurité, l'aigrette lumineuse, composée de filets divergents formés de petites particules rendues lumineuses par le passage de l'électricité. Cette tendance s'observe également dans le cas où les conducteurs imparfaits sont liquides. Faraday a vérifié des expériences très-curieuses à cet égard avec de la cire à cacheter rendue fluide par la chaleur, avec une goutte d'eau gommée, une goutte de mercure ou de chlorure de calcium. Boze,[119] dès 1745, et l'abbé Nollet, en 1748, [120] avaient fait d'autres expériences avec de l'eau placée dans un entonnoir en métal muni de quelques ouvertures capillaires, et communiquant avec le conducteur électrique.

Mais les expériences les plus remarquables sont celles de Peltier : c'est une reproduction en petit de ce qui se passe sur une plus grande échelle dans l'atmosphère. Cet habile expérimentateur, en faisant usage de la fumée des résines, se rendit compte de la marche des courants provenant des nuages orageux en général et des trombes en particulier. Il reproduisit ces petits tourbillons que l'on observe souvent sur le bord des nuages, dans les montagnes, au moyen du miroir noirci, et qui contribuent à donner aux *Cumulus* ces formes arrondies, analogues à celles des tourbillons de fumée s'échappant d'une cheminée, ainsi que Kaemtz l'a souvent constaté. Ne pouvant présenter ici une analyse complète des belles expériences de Peltier, nous renvoyons le lecteur à son *Traité sur les Trombes*.

En résumé, ce n'est qu'en étudiant des masses de vapeur, différents corps solides, liquides et gazeux; en se plaçant, comme l'a fait ce savant, dans des circonstances convenables, que l'on pourra apprécier l'influence des nuages électriques sur l'atmosphère, sous toutes les phases de leur évolution. Il ne faut pas perdre de vue que l'effet le plus ordinaire des nuages orageux est de produire au-dessous d'eux des courants fuyant du centre à la circonférence et rarement en sens inverse. Ce fait ne manque pas d'avoir une valeur réelle dans la formation de plus d'un phénomène météorologique.

Nous renvoyons maintenant nos lecteurs à notre volume sur les *Courants atmosphériques d'après les nuages*, dans lequel nous signalons la dépendance intime entre les courants ascendants et descendants, horizontaux et verticaux, les isobares de basse et de haute pression, la nature et le mouvement des nuages. On y trouvera huit tableaux embrassant 45,283 observations horaires faites à l'Observatoire de la Havane en 1862 et 1863, sur la direction des Cirrus, des Cirro-cumulus, des Fracto cumulus et du vent de surface.

BIBLIOGRAPHIE

DES AUTEURS CITÉS DANS CET OUVRAGE

1. Aristote. — Meteorologica; traduit en français avec des notes perpétuelles, par Barthélemy Saint-Hilaire. Paris, 1863. — Ideler (J.-L.). Aristotelis Meteorologicorum Libri IV. Leipzig, 1834-1836. 2 vol. in-8.

2. Théophraste. — Eresii Theophrasti qua supersunt Opera et excerpta Librorum quatuor tomis comprehensa J.-G. Schneideri. Lipsiæ, 1818-21. 5 vol. in-8. — Ideler (J.-L.). Meteorologia veterum Græcorum et Romanorum. Berol. 1832, in-8.

3. Howard (Luke). — Essay on the Modifications of Clouds, and on the Principles of their production, suspension and destruction. Lu à la société Askesian de Londres, de 1802 à 1803, et publié dans le *Tilloch's Philosophical Magazine*, London, 1803, t. XVI, p. 97-107, 344-357; t. XVII, p. 5-11 et Pl. VI, VII et VIII du t. XVII. — Gilbert's *Annalen der Physick*, 1805, t. XXI, p. 137. — Avecquelques changements qui n'affectent point sa nomenclature dans *Ree's Cyclopædia*. London, 1819, t. VIII, Art. *Cloud*. — *Nicholson's Philosophical Journal*, London, 1812, t. XXX, p. 35-62, sans planches. — *Supplement to the Encyclopædia Britanica*. London, 1824, t. III, p. 202-205, Art. *Cloud*, avec planches et quelques nouveaux termes vulgaires de Forster, que Howard a re-

jetés. — *Howard's The Climate of London*. London, 1818, t. I, p. xxxii, t. II, 328-346 ; 3ᵉ édition. London, 1833, t. I. p. xxxix-lxxii. Publié à part et sans planches. London, 1832, in-8 de 39 pages ; réimprimé en 1864, in-4 avec planches.

4. Lamarck (J.-B.). — Annuaire météorologique. Paris, an X, n° 3, p. 149-164.

5. Lamarck. — Annuaire météorologique. An XIII, n° 6, p. 101-133. Ce n° 6 manque à la Bibliothèque nationale de Paris.

6. Lamarck. — Annuaire météorologique pour les années 1799-1810. Paris, 1799-1810. 11 vol. in-8. (Les deux premiers volumes sont in-12.) Voir, sur les nuages : an XI, n° 4, p. 126-127, 131 ; an XIV, n° 7, p. 150-153 ; 1808, n° 9, p. 207-211 ; 1809, n° 10, p. 184-188. Voir les n⁰ˢ 41 et 69 de cette bibliographie.

7. Forster (Thomas J. M). — Researches about atmospheric Phœnomena. London, 1815, 2ᵉ édition, p. 1-113 ; id. 1823, 3ᵉ édition, p. 1-113. Dans sa première édition de 1813, il n'est point question de la classification de Howard. — Untersuchungen über die Wolken und andere Erscheinungen in der Atmosphäre. Aus der Franz. 2ᵗᵉ Augl. Leipzig, 1819.

8. Müller (Adam). — Ueber den Howard'schen Versuch einer Naturgeschichte der Wolken. *Gilbert's Annalen der Physick.* 1817, t. LV. p. 102. *Bibliothèque de Genève.* 1817, t. V, p. 6-12.

9. Kaemtz. — Lehrbuch der Meteorologie. Halæ, 1831-36, t. I, p. 337. — Vorlesungen über Meteorologie. Halæ, 1840 ; traduit en français par Ch. Martins. Paris, 1843, p. 115.

10. Loomis (E.). — Silliman's Journal of Science. 1841, t. XLI, p. 325.

11. Fitz-Roy (Amiral). — The Weather Book. London, 1863, 2ᵉ édit , p. 391. Pl. IX et X ; traduit en français (en extrait) par Mac-Leod.

12. Mühry (A). — Zeitschrift der Österreichischen Gessellschaft für Meteorologie. Wien, n° 18, 15 sept. 1872, t. VII, p. 311-315 ; n° 5, 1ᵉʳ mars, t. IX, p. 65-71.

13. Scott (R.-H.). — Instructions in the use of Meteorological Instruments. Compiled by Direction of the Meteorological Committee. London, 1875, in-8. 118 p. et pls. Official, n° 24.

14. Scott (R.-H.). — Report of the Proceedings of the Conference on Maritime Meteorology held in London, 1874. London, 1875, in-8, p. 55-56 et pls.

15. Brandes (H.-W.). — Untersuchungen zur Witterunzskunde. Leipzig, 1820, p. 385.

16. — Schübler (G.). — Grundsätze der Meteorologie. Leipzig, 1849, cinq planches.

17. Ces planches, publiées séparément, ne font pas partie des « *Directions for Meteorological Observations*, adapted by the Smithsonian Institution ». — *Annual Report* for 1855, p. 234.

18. Maury (F.). — Explanation and Sailing Directions to accompany the Wind and Current Charts. In-4, et dans toutes les éditions.

19. Vanéechout (Ed.). — Instructions nautiques, traduites de *Maury's Sailing Directions*. Paris, 1859, in-4. Pl. XVI.

20. Gœthe. — Œuvres scientifiques, analysées et appréciées par Ernest Faivre. Paris, 1862, p. 315.

21. Hinrichs (G.). — Zeitschrift der Öster. Gell. für Meteorologie. Wien, t. XI, n° 22, p. 346-348.

22. Poëy (A.). — Comptes Rendus de l'Académie des Sciences. 1683, t. VI, p. 361. — Annuaire de la Soc. Météorologique de France. 1863, t. XII, p. 53.

23. Poëy (A.). — Annuaire de la Soc. Météor. de France. 1865, t. XIII, p. 85.

24. Poëy (A.). — El Mexicano. México, des 11, 14, 18 et 21 octobre 1866.

25. Poëy. (A.). — Moore's Rural New-York. 1870, t. XXI, 29 janvier, 26 février, 9 avril, 21 mai, 4 et 11 juin.

26. Poëy (A.). — Annual Report of the Smithsonian Institution for 1870. Washington, 1871, p. 432-456, 16 pl.

27. Poëy (A.). — Annales hydrographiques. Paris, 1872, t. XXXV, p. 615-715, 17 pl.

28. Myer (Général). — Annual Report of the Chief Signal Officer to the Secretary of War, for the year 1873. Washington, 1874, p. 365, 16 pl.

29. Cornejo (J.). — Observaciones Meteorológicas hechas en la Escuela Imperial de Minas. México, 1866.

30. Mann (R.-J.). — Proceedings of the Meteorological Society. London, 1871, t. V. p. 276-281.

31. Fritsch (K.). — Zeitschrift der Öster. Gell. für Meteorologie. Wien, 1871, t. VI, p. 268-270, 321-327; 1874, t. IX, p. 177-183, 212-217, 355-360, 372-377. — Fritsch (H.). Id., 1877, t. XII, p. 394-396.

32 Wüllerstorf-Urbair (Amiral). — Zeitsch. d. Öster. Gell. f. Meteorologie. Wien, 1872, t. VII, p. 1-6.

33. Mühry (A.). — Zeitsch. d. Öster. Gell. f. Meteorologie. Wien, 1872, t. VII, p. 311-315; 1874, t. IX, p. 65-71.

34. Buys-Ballot. — Suggestions on a Uniform System of Meteorological Observations. Utrecht, 1872, in-8. p. 46-49.

35. — Nature. London, 1874, t. IX, p. 163-164.

36. Hinrichs (G.). — Zeitsch. d. Öster. Gell. f. Meteorologie. Wien, 1876, t. XI. p. 346-348.

37. Appleton's American Cyclopædia. Éditée par George Ripley et Charles A. Dana. New York, 1873. In-4. t. IV, p. 712. — Appleton's Condensed American Cyclopædia. 1877, t. III, p. 435.

38. Humboldt (A. de). — Cosmos. Traduit par Faye. Paris, 1847. 1re partie, p. 408.

39. Sabine (Général). — An Account of Experiments to determine the figure of the Earth. London, 1825. p. 429-438. — Philosophical Magazine. 1846, t. XXVIII.

40. Hennessy (H.). — Proceeding of the Royal Society. Ireland, 1858, t. IX. p. 324. — The Atlantis. London, t. I, p. 396, et autres publications.

41. Lamarck. — Annuaire météorologique. An XII, n° 5. p. 159-162; an XIII, n° 6, p. 118-120; an 1807, n° 8, p. 163-166.

42. Humboldt. — Cosmos. t. I, p. 218, 515; t. IV, p. 174.

43. Bravais (A.). — Voyages de la Comm. Scien. du Nord, en Scandinavie, etc. Paris, 1844-1847, t. III, p. 432, 501. — Peltier. — Bulletin de la Société Philomatique. 16 janvier 1841, p. 4.

44. Martins (Ch.). — Cours de Météorologie de Kaemtz. Paris, 1842, p. 116.

45. Secchi (le P.). — Comptes Rendus de l'Académie des Sciences. 1872, t. LXXV, p. 613.

46. Poëy (A.). — Annales hydrographiques, 1872, t. XXXV, p. 615.

47. Silbermann. (J.-J.). — Comptes Rendus de l'Académie des Sciences. 1872, t. LXXIV, p. 553, 638, 959.

48. Prestel (A.-F.). — Der Sturmwarner. Emden 1870.—Zeitschrift d. Öster. Gell. f. Meteorologie. Wien, 1870, t. V ; 1872, t. VII, p. 167 ; 1874, t. IX, p. 369.

49. — Ley (W.-C.). — Symons's Monthly Meteorological Magazine. London, 1875, t. X, p. 93 ; 1876, t. XI. p. 5.

50. Hildebrandsson (H.-H.). — Essai sur les courants supérieurs de l'Atmosphère dans leur relation avec les lignes isobarométriques. Upsal, 1875, p. 6, 10.

51. Prestel (A.-F.). — Zeitsch. d. Öster. Gell. f. Meteorologie. 1874, t. IX, p. 369-372.

52. Martins (Ch.). — Cours de Météorologie de Kaemtz. Paris, 1842, p. 117.

53. Birt (W.-R.). — Symons's Monthly Meteorological Magazine. 1876, t. X, p. 186.

54. Ley (W.-C.). — Symons's Monthly Meteorological Magazine. 1876, t. XI, p. 5.

55. Frobesius (J.-N.). — Nova et antigua luminis atque borealis spectacula. Helmstadt, 1739, p. 139. Cette question a été nouvellement envisagée par Stevenson, Blake, Pratt, Karlinski, Hildebrandsson, Barker et autres.

56. Halley (Ed.). — Philosophical Transactions. 1714-1716, n° 347, p. 422-428.

57. Celsius (A.). — Mémoires des Savants étrangers. t. IV.

58. Hiorter. — Schwed. Abhandl. D. Ueb. t. XII, p. 54.

59. Fournet. (J.). — Comptes Rendus de l'Acad. des Sciences. 1844 ; t. XIX, p. 565-569.

60. Testu. — La Nature considérée sous ses différents aspects. Paris, 1787, t. III, p. 405.

61. Wise (J.). — Report of the Smithsonian Institution. 1855, p. 225.

62. Caldas. — Semanario del Reyno de Granada. Santa Fé de Bogotá, 5 février 1809, n° 33, p. 37. La collection du *Semanario* a été réimprimée à Paris en 1849, 1 vol in-8.

63. Poëy (A.). — Nature. London. 1871, t. IV, p. 489.

64. Scott (R.-H.). — Nature. London, 1871, t. IV, p. 505.

65. Mitchel. — Edinburgh, New Phil. Journal. Octobre 1863.

66. Clouston (C.). — An Explanation of the Popular Weather Prognostics of Scotland, on scientific Principles. Edinburgh, 1867, in-8.

67. Scott (R.-H.). — Quarterly Journal of the Meteorological Society. London, 1872, t. I, p. 55-59, 2 diagr.

68. J. — Nature. London, 1871, t. V, p. 7.

69. Lamarck (J.-B.). — Annuaire Météorologique. Paris, an XIII, n° 6, p. 118.

70. Symons (G.-S.). — Symons's Monthly Meteorological Magazine. 1868, t. III, p. 81.

71. Harding (J.-S.). — Quarterly Journal of the Meteorological Society. London, 1873. t. I, p, 154.

72. Clark (L.). — Id. 1873, t. I, p. 117.

73. Poëy (A.). — Nature. London, 1871, t. IV, p. 489. 1 diagr.

74. Albercrombie (R.). — Buchan, Handybook of Meteorology. Edinburgh, 1872, 3° édit. in-8 ; Symons's Monthly Meteorological Magazine. 1868, t. III, p. 82.

75. Ballingall (R.). — Id. Id.

76. Clouston (C.). — Voir les n°s 67 et 70.

77. Glyde. — Symons's Monthly Meteorological Magazine. 1873, t. I, p. 198.

78. Symons (G.-S.). — Voir le n° 70.

79. White (H.). — Symons's Month. Meteor. Mag. 1868, t. III, p. 83.

80. Pratt (F.). — Proceed. British Meteor. Soc. 1863, t. I, p. 378.

81. Tucker (E.). — Symons's Month. Meteor. Mag. 1874, t. IX, p. 75.

82. Gledhill (J.). — Id. Id. 1875, t. X, p. 48.

82 Moore (J.-W.). — Voir le n° 67.

84. Burder (H.-F.). — Symons's Monthly Meteorological Magazine. 1874, t. IX, p. 123.

85. Clouston (C.). — Voir le n° 67.

86. Jevons (W.-S.). — Philosophical Magazine. London, 1857, t. XIV, p. 22 ; 1858, t. XV, p. 241.

87. Poli (G.-S.). — Att. Accad. Nap. 1787.

88. Barber (S.). — Quarterly Journal of the Meteorological Society. 1872, t. I, p. 38.

89. Arago (F.). — Comptes Rendus de l'Acad. des Sciences. 1844, t. XVIII, p. 1168.

90. Fournet (J.). — Comptes Rendus de l'Acad. des Sciences. 1844, t. XIX, p. 565.

91. Humboldt (A. de). — Cosmos. Paris, 1847, t. I, p. 516.

92. Buchan (A.). — Transactions of the Royal Society of Edinburgh. 1869, t. XXV, p. 575-637, 3 pl.

93. Ley (C.). — The Law of the Winds, etc. London, 1872. in-8.

94. Poëy (A.). — Comptes Rendus de l'Acad. des Sciences. 1871, t. LXXIII, p. 844.

95. Meldrum (C.). — Monthly Notices. Meteorological Society of Mauritius. 1873, p. 13, 1 pl. Réimprimé par le Bureau météorologique de Londres. *Non-Official*, n° 7.

66. Poëy (A.). — Comptes Rendus de l'Acad. des Sciences. 1864, t. LVIII, p. 269. — Annuaire de la Soc. Météorologique de France, 1864, t. XII, p. 209.

97. Dove (H.). — Il énonça en 1827 la loi de la rotation des vents et des ouragans dans les *Poggendorff's Annalen*. t. XIII, p. 597 ; il la développa en 1835 dans le même recueil, t. XXXVI, p. 321, introduisant une modification capitale sur l'influence générale de la rotation de la terre, et enfin il refondit le tout dans ses *Meteorologische Untersuchungen*. Berlin, 1837, in-8, p. 121-167. Voir aussi son *Repertorium der Physik*. Berlin, 1841, t. IV. p. 179-192 ; son *Die Witterungsverhältnisse von Berlin*. Berlin, 1842, et autres publications, telle que sa *Gesetz der Stürme*. Berlin, 1873, 4e édit. ; traduite en français par le commandant Le Gras. Paris, 1864. La loi de la rotation des vents a été établie dès 1774 par Toaldo sur un

très-grand nombre d'observations. Elle avait été déjà pressentie depuis la plus haute antiquité ; on la trouve vaguement signalée dans l'*Ecclésiaste*, cap. 1, 5, 6 ; dans Aristote, Théophraste et autres auteurs anciens. Mariotte affirme que les vents, à Paris, font en 15 jours à peu près une révolution entière, soufflant successivement de toutes les parties de l'horizon, et qu'aux nouvelles et pleines lunes le vent est presque toujours Nord et Nord-Est. *Œuvres*. Leyde, 1717, in-4, t. II. p. 346. Il serait important, au point de vue des prévisions météorologiques, de vérifier cette assertion de Mariotte (Poëy).

98. Maury (F.). — Physical Geography of the Sea and its Meteorology. London, 1864 ; traduite en français par Terquem. Paris, 1861, et par Zurcher et Margollé. Paris, 1865.

99. Guldberg et Mohn. — Etudes sur les Mouvements de l'Atmosphère. Christiana, 1876, 1re partie. in-4, 4 pl.

100. Poëy (A.). — Voir sur les arcs-en-ciel, Comptes Rendus de l'Acad. des Sciences. 1862, t. LV, p. 881 ; 1863, t. LVII, 109 ; avec plus d'étendue dans l'Annuaire de la Société météorologique de France. 1863, t. XI, p. 115.

101. Humboldt (A. de). — Voyage aux Régions équinoxiales. Paris, 1816, in-8, t. II, p. 308.

102. Bravais (A.). — Journal de l'Ecole Polytechnique. Paris, 1847, t. XVIII, p. 1-280, 4 pl.

103. Poëy (A.).—Diario de la Marina. Habana, 9 octobre 1859.

104. Harrison (J.-P.). — Philosophical Magazine. London, 1859, t. XVII, p. 153. A l'appui de la dispersion des nuages par la Lune, disons que plusieurs observateurs ont constaté un certain pouvoir calorifique dans la radiation lunaire, tels qu'Ischirnhausen, dès 1691, de la Hire fils, Howard, Wat, Herschel, lord Ross, Marie-Davy, Baille, etc.

105. Naill (D.-W.). — Annual Report of the Smithsonian Institution for 1858. Washinghton, p. 425.

106. Fourier (J.-B.). — Théorie analytique de la chaleur. Paris, 1822, in-4. — Mémoires de l'Académie des sciences de Paris, 1819, t. IV, p. 185 ; 1822, t. V, p. 153 ; 1825, t. VIII, p. 581. — Annales de Chimie, etc., 1816, t. III, p. 350 ; 1828, t. XXXVII, p. 291.

107. Leslie (John). — Experimental Inquiry into the Nature and Properties of Heat. London, 1804, in-8.

108. Fourier (J.-B.). — Annales de Chimie, etc., 1817, t. IV, p. 128 et t. VI, p. 259 ; 1824, t. XXVII, p. 236 ; 1825. t. XXVIII, p. 337.

109. Peltier (J.-C.). — Mémoires des savants étrangers de l'Académie des sciences de Bruxelles. 1847, t. XIX, p. 9-69. — Bulletin de l'Académie des sciences de Bruxelles, 1843, t. X, part. I, p. 201 et 318. — Archives de l'électricité. Genève, 1844, t. IV, p. 173. — Dictionnaire d'Histoire naturelle de d'Orbigny. Paris, 1844, t. V, art. *Foudre*. — Sur la formation des Trombes. Paris, 1840. — Vie et travaux de J.-C.-A. Peltier, par son fils. Paris, 1847.

110. Poëy (A.). — Annuaire de la Société météorologique de France. 1855, t. III, p. 317-380.

111. Poëy (A.). — Id. 1856, t. IV, p. 113-141. Pour la foudre sphéroïdale, voir notre note dans Boutigny, *Etudes sur les corps à l'état sphéroïdal*. Paris, 1857, p. 319. — La Science, 7 juin, 1855. — Comptes Rendus de l'Académie des Sciences. 1855, t. XL. p. 1183. — Annuaire de la Société Météorologique de France. 1855, t. III, p. 294. La note de la *Science* reproduite par Boutigny est la plus complète.

112. Coulomb (C.-A.). — Mémoires de l'Académie des sciences de Paris. 1785, p. 578 ; 1786, p. 67 ; 1787, p. 421 ; 1788. p. 617 ; 1789, p. 455.

113. Riess (P.-T.). — Die Lehre von d. Reibungs-Elektricität. Berlin, 1853, 2 vol. in-8. — De la Rive, Traité d'Électricité théorique et pratique. Paris, 1855, t. II, 5. 91.

114. Dove (H.). — Repertorium der Physik. Berlin, 1841, t. II, p. 44. — Poggendorff's Annalen. 1835, t. XXXV, p. 379. — Archives de l'électricité. Genève, 1841, t. II, p. 52.

115. Laplace (P.-S.). — Traité de mécanique céleste. Paris, 1829-1839, 2e édit., t. II, livre III, p. 37.

116. Poisson (S.-D.). — Mémoires de l'Institut. 1811, t. XII, p. 1 et 163. — Mémoires de l'Académie des Sciences. 1818, t. III, p. 121. — Bulletin de la Société Philomatique, 1824.

117. PLANA (G.-A.). — Mémoires de l'Académie des Sciences de Turin. 1845, t. VII, p. 71-401 ; 1857, t. XVI, p. 57-105.

118. PELTIER (J.-C.). — Sur la formation des Trombes. Paris, 1840, p. 78-88.

119. BOZE. — Mémoires de l'Académie des Sciences de 1745, p. 119-133.

120. NOLLET (l'Abbé). — Mémoires de l'Acad. des Sciences. 1748, p. 172 ; Recherches sur l'électricité. Paris. 1749, p. 342.

FIN

PLANCHES

TRACTO-CIRRUS. Poëy.

Bandes en zig-zag. Poëy.

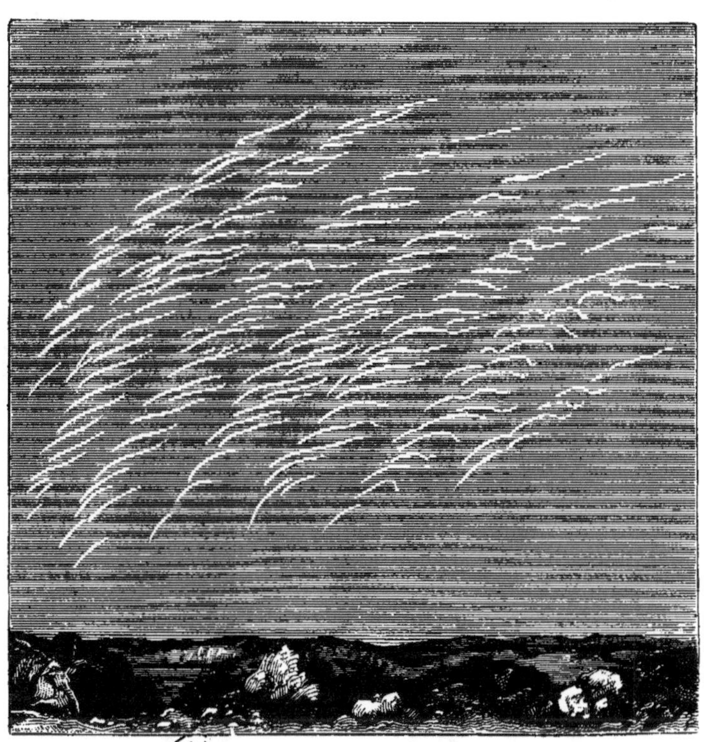

FRACTO-CIRRUS. Poëy.
Bandes striées. Poëy.

A. POËY. NOUVELLE CL

3

1

2

A Poëy del.

Cirrus. Howard

Nuage boucle Poey

Imp.Lem

1

2

3

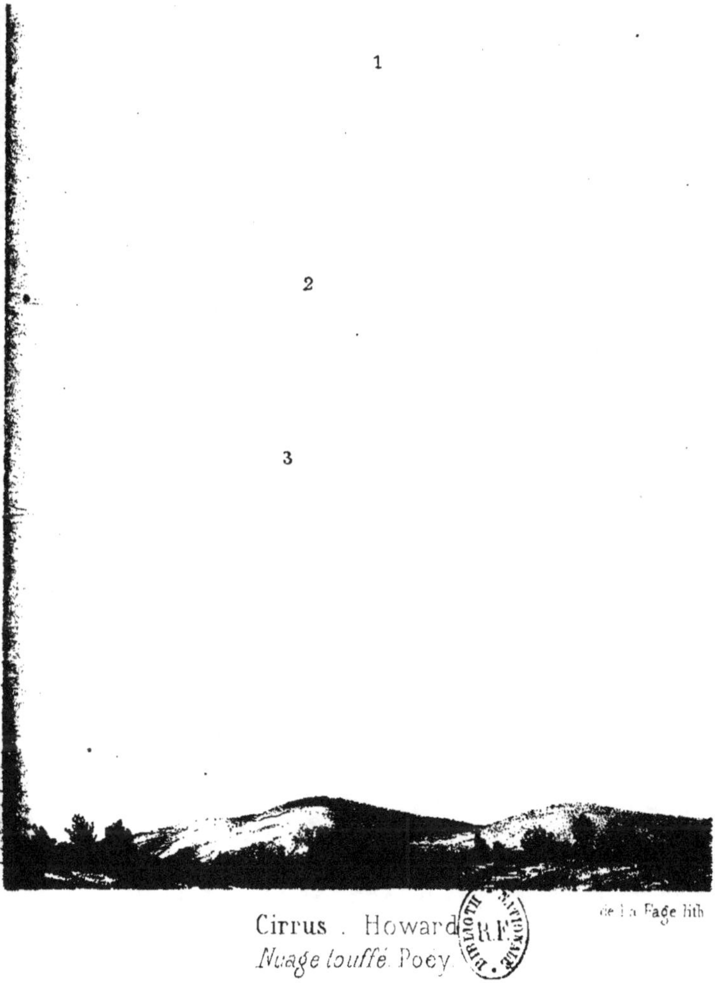

Cirrus . Howard

Nuage touffé. Poey.

de la Fage lith

A. POËY. NOUVELLE. C

1

2

A. Poëy del.

Cirrus. Howard.
Nuage en flèche. Poëy.

1

2

Fracto-Cirrus Poëy.
Nuage en bandes. Poëy.

de La Page lith.

Cirro_Stratus. Howard
Nuage stratifié. Poëy

Cirro_Stratus. Howard.
Nuage stratifié. Poey.

A Poey del.

Tracto-Cirrus Poey.
Bandes annulaires Poey

Tracto-Cirrus Poey
Bandes tubulaires. Poey

A Poëy del

Cirro.Cumulus. Howard
Nuage pommelé. Poëy.

Tracto-Cirrus. Poëy
Bandes en grappe de groseilles. Poëy

de La Fage lith.

A POËY NOUVELLE CL

A Poëy del

Pallio_Cirrus. Poëy
Couche neigeuse Poëy.

Pallio_Cumulus Poëy.
Couche pluvieuse Poëy.

de La Fage lith

.2

1

Poey del.

Cumulus. Howard
Nuage montagneux Poëy.

Pl. XV

Tracto-Cirrus. Poey _ Bande en barre. Poey.
Cumulus. Howard _ Nuage montagneux. Poey.

de La Fage lith.

A POËY. NOUVELLE CI

Fracto.Cumulus Poëy
Nuage venteux Poëy.

de La Faye lith

Globo-Cirrus . } Poey   Nuage globulaire neigeux . } Poëy
Globo-Cumulus } Poey   Nuage globulaire tempetueux }

LIBRAIRIE DE GAUTHIER-VILLARS

55, quai des Grands-Augustins, Paris

FLAMMARION (Camille), Astronome. — Catalogue des Étoiles doubles et multiples en mouvement relatif certain, comprenant *toutes les observations* faites sur chaque couple depuis la découverte et les *résultats conclus* de l'étude des mouvements. Grand in-8 ; 1878. 8 fr.

FLAMMARION (Camille). — Études et Lectures sur l'Astronomie. In-12 avec fig. et cartes ; tomes I à IX ; 1867-1869-1872-1873-1874-1875-1876-1877-1878.

Chaque volume se vend séparément. 2 fr. 50 c.

DAVANNE — Les Progrès de la Photographie. Résumé comprenant les perfectionnements apportés aux divers procédés photographiques pour les épreuves négatives et les épreuves positives, les nouveaux modes de tirage des épreuves positives par les impressions aux poudres colorées et par les impressions aux encres grasses. In-18 ; 1877. 6 fr.

DUMAS, Secrétaire perpétuel de l'Académie des Sciences. — **Leçons sur la philosophie chimique** professées au Collège de France en 1836, recueillies par M. *Bineau.* 2ᶜ édition. In-8 ; 1878. 7 fr.

SCOTT (Robert-H.), Directeur du Service météorologique de l'Angleterre. — **Cartes du temps et avertissements de tempêtes.** Ouvrage traduit de l'anglais par MM. *Zurcher* et *Margollé.* Petit in-8, avec nombreuses figures dans le texte, et 2 planches en couleurs ; 1879. 4 fr. 50 c.

SECCHI (le P. A.), Directeur de l'Observatoire du Collège Romain, Correspondant de l'Institut de France. — **Le Soleil. 2ᵉ édition.** Deux beaux volumes grand in-8, avec Atlas ; 1875-1877. 30 fr.

On vend séparément :

Iʳᵉ Partie. Un volume grand in-8, avec 150 figures dans le texte et un atlas comprenant 6 grandes planches gravées sur acier (I. *Spectre ordinaire du Soleil* et *Spectre d'absorption atmosphérique.* — II. *Spectre de diffraction*, d'après la photographie de M. Henry Draper. — III, IV, V et VI. *Spectre normal du Soleil*, d'après Angström, et *Spectre normal du Soleil, portion ultra-violette*, par M. A. Cornu) ; 1875. 18 fr.

IIᶜ Partie. Un beau volume grand in-8, avec nombreuses figures dans le texte et 13 planches, dont 12 en couleurs (I à VIII. *Protubérances solaires.* — IX. *Type de tache du Soleil.* — X et XI, *Nébuleuses,* etc. — XII et XIII. *Spectres stellaires*) ; 1877. 18 fr.

Paris. — Imp. Gauthier-Villars, 55, quai des Grands-Augustins.